危险化学品从业人员安全培训丛书

# 危险化学品经营单位经营和储存保管人员安全培训教程

主编　张　荣　练学宁

主审　鲁　宁

中国劳动社会保障出版社

**图书在版编目(CIP)数据**

危险化学品经营单位经营和储存保管人员安全培训教程/张荣，练学宁主编. —北京：中国劳动社会保障出版社，2010

危险化学品从业人员安全培训丛书

ISBN 978-7-5045-8189-1

Ⅰ. 危… Ⅱ. ①张…②练… Ⅲ. 化学品-危险物品管理：安全管理-技术培训-教材 Ⅳ. TQ086.5

中国版本图书馆 CIP 数据核字(2010)第 025324 号

**中国劳动社会保障出版社出版发行**

**(北京市惠新东街1号 邮政编码：100029)**

**出 版 人：张梦欣**

*

**北京金明盛印刷有限公司印刷装订 新华书店经销**

**850毫米×1168毫米 32开本 8.375印张 204千字**

**2010年3月第1版 2010年3月第1次印刷**

**定价：18.00元**

**读者服务部电话：010-64929211**

**发行部电话：010-64927085**

**出版社网址：http：//www.class.com.cn**

# 前　言

中华人民共和国《危险化学品安全管理条例》（国务院令第344号）第四条明确规定：危险化学品单位从事生产、经营、储存、运输、使用危险化学品或者处置废弃危险化学品活动的人员，必须接受有关法律、法规、规章和安全知识、专业技术、职业卫生防护和应急救援知识的培训，并经考核合格，方可上岗作业。国家安全生产监督管理总局3号令《生产经营单位安全培训规定》第四条规定生产经营单位从业人员应当接受安全培训，熟悉有关安全生产规章制度和安全操作规程，具备必要的安全生产知识，掌握本岗位的安全操作技能，增强预防事故、控制职业危害和应急处理的能力。为了贯彻落实文件精神，我们编写了《危险化学品经营单位经营和储存保管人员安全培训教程》一书。

本书主要介绍安全生产法律法规知识、危险化学品安全基础知识、防火防爆及电气安全技术、危险化学品包装与运输、危险化学品储存、危险化学品经营、重大危险源与化学事故应急救援和职业卫生与个体防护等相关知识内容。为了体现危险化学品经营单位操作从业人员上岗前安全知识培训教育的特点，本书内容力求深入浅出、通俗易懂、涉及面宽，突出经营操作从业实际需要的知识内容，具有较强的实用性。可供危险化学品经营单位操作从业人员安全技术知识培训教育教材，也可作为危险化学品其他从业人员和相关行业从事安全管理人员学习参考。

本书由张荣和练学宁主编，鲁宁主审，全书共分八章，张荣编写第一、二、四、五、六和八章，练学宁编写第三和七章，刘胜参与第一章编写，唐良森参与第八章编写，贺小兰参与第三章编写。全书由张荣统稿整理。本教材在编写过程中得到了重庆安全工程学院、重庆化工职工大学、重庆长寿化工有限责任公司和重庆紫光化工有限责任公司有关领导和专家的大力支持与帮助，编写过程中参阅和引用了大量文献资料和相关著作，在此一并表示感谢。由于编者学术水平及实际工作经验等方面的限制，书中难免有疏漏之处，敬请读者和同行们批评指正。

**编　者**

2010年3月

# 内 容 提 要

本书主要介绍安全生产法律法规知识、危险化学品安全基础知识、防火防爆及电气安全技术、危险化学品包装与运输、危险化学品储存、危险化学品经营、重大危险源与化学事故应急救援和职业卫生与个体防护等相关知识内容。为了体现危险化学品经营单位操作从业人员上岗前安全知识培训教育的特点，本书内容力求深入浅出、通俗易懂、涉及面宽，突出经或操作从业实际需要的知识内容，具有较强的实用性。可供危险化学品经营单位操作从业人员安全技术知识培训教育教材，也可作为危险化学品其他从业人员和相关行业从事安全管理人员学习参考。

# 目录

**要点掌握：**

1. 安全发展分为几个阶段？

2. 我国安全生产主要存在什么问题？

# 绪　言

事故易发期是工业化进程中必然要经历的阶段，用马克思的话来说那是“自然的惩罚”。工伤事故状况与国家工业的基础水平、规模和速度发展等因素密切相关。认清我国安全生产历史、现状和奋斗目标，有利于提高安全管理水平。

## 一、安全生产发展史

1. 安全生产方针和管理体制初创时期（1949—1965 年）

1952 年，第二次全国劳动保护工作会议明确：要坚持“安全第一”的方针和“管生产必须管安全”的原则。1954 年，新中国制定的第一部《宪法》，把加强劳动保护、改善劳动条件作为国家的基本政策确定下来。同时出台了“三大规程”等行政法规，即《建筑安装工程安全技术规程》《工人职员伤亡事故报告规程》和《工厂安全卫生规程》，建立了由劳动部门综合监管、行政部门具体管理的安全生产工作体制，劳动者的安全状况从根本上得到了改善。但在从 1958 年下半年开始的“大跃进”时期，安全生产规律被忽视，安全设施大量削减，片面追求高经济指标，导致事故发生率上升。随着 1961 年开始的经济调整，安全生产工作进行调整，全国相继开展了安全生产大检查、安全生产教育、严肃处理伤亡事故、加强安全生产责任制等广泛的群众运动；1963 年，国务院颁布了《关于加强企业生产中安全工作的几项规定》，恢复重建安全生产秩序，事故发生率明显下降。

2. 受“文革”冲击时期（1966—1977 年）

“文革”期间，安全生产和劳动保护被抨击为“资产阶级活命哲学”，规章制度被视为“管、卡、压”，企业管理受到严重冲击，导致事故频发。政府和企业安全管理一度失控，1971—1973 年，工矿企业年平均事故死亡 16 119 人，较 1962—1967 年增长 2.7 倍。

3. 恢复和创新发展时期（1978 年以来）

该时期又可以分为以下三个阶段：

（1）恢复和整顿提高阶段（1978—1991 年）。粉碎“四人帮”后，治理经济环境和整顿经济秩序，为加强安全生产创造了较好的宏观环境。1978 年 12 月召开的中国共产党十一届三中全会，确立改革开放的方针。《中华人民共和国刑法》（新刑法）对安全生产方面的犯罪作了更为明确具体的规定。国务院颁布了《矿山安全条例》《矿山安全监察条例》和《锅炉压力容器安全监察条例》。《中共中央关于认真做好劳动保护工作的通知》（中央〈78〉76 号文件）和《国务院批准国家劳动总局、卫生部关于加强厂矿企业防尘防毒工作的报告》（国务院〈79〉100 号文件）两个文件的发布，特别是对“渤海二号平台”等事故的严肃处理，强化了领导干部的安全意识，确定了“安全第一，预防为主”的方针。

（2）适应建立社会主义市场经济体制阶段（1992—2002 年）。为发挥企业的市场经济主体作用，1993 年国务院决定实行“企业负责，行业管理，国家监察，群众监督”的安全生产管理体制。相继颁布了《劳动法》《工会法》《矿山安全法》《消防法》，以及有关工伤保险、重大、特大伤亡事故报告调查、重大、特大事故隐患管理等多项法规。2001 年年初，组建了国家安全生产监督管理局，与国家煤矿安全监察局“一个机构，两块牌子”。2002 年 11 月，出台了《中华人民共和国安全生产法》，安全生产开始纳入比较健全的法制轨道。但由于经济体制转轨，工业化进程加快，特别是民营小企业的迅速发展等，这一阶段安全生产面临一系列新情况、新问题，安全状况出现较大的反复。

(3) 创新发展阶段（2003 年以来）。党的十六大以来，以胡锦涛为总书记的党中央以科学的发展观统领经济社会发展全局，坚持“以人为本”，在法制、体制、机制和投入等方面采取系列措施，加强安全生产工作。《道路交通安全法》《特种设备安全监察条例》《安全生产违法行为行政处罚办法》《国务院关于加强安全生产工作的决定》《安全生产许可证条例》《易制毒化学品管理条例》《事故调查与处理条例》等法规及文件先后颁布实施。2005 年年初，国家安全生产监督管理局升格为总局。2006 年年初，成立国家安全生产应急救援指挥中心。“政府统一领导、部门依法监管、企业全面负责、群众广泛参与、社会普遍支持”的安全生产新格局逐步形成，安全生产事业进入新的发展时期。

**二、安全生产现状**

我国是发展中国家，目前经济正处在快速发展时期，由于生产力水平低下，安全生产投入严重不足，处在生产安全事故的“易发期”。通过各方面的共同努力，安全生产状况总体稳定、趋于好转的发展态势与依然严峻的现状并存，从近十几年统计分析表明，安全生产形势依然严峻。

我国安全生产主要存在以下突出问题：

一是事故总量大。近 10 年平均每年发生各类事故 70 多万起，死亡 12 万多人，伤残 70 多万人。在各类事故中，道路交通事故平均每年发生 50 多万起，死亡 9 万多人，约占各类事故总起数和死亡人数的 71％、76％。工矿商贸企业事故平均每年发生约 1.6 万多起，死亡 1.6 万多人，约占各类事故死亡人数的 13％。

二是特大事故多。2001 年至 2005 年，全国共发生一次死亡 30 人以上特别重大事故 73 起，平均每年发生约 15 起；一次死亡10～29 人特大事故 587 起，平均每年发生约 117 起。特别重大事故中，煤矿事故起数最多，平均每年发生 8 起，约占 53%；特大事故中，道路交通、煤矿事故平均每年发生 42 起，各约占 36%。

三是职业危害严重。据有关部门统计，每年新发尘肺病超过 1 万例。目前，全国有 50 多万个厂矿存在不同程度的职业危害，实际接触粉尘、毒物和噪声等职业危害的职工高达 2 500 万人以上，农民工成为职业危害的主要受害群体。

四是与发达国家相比差距大。20 世纪 90 年代中期以来，发达国家工业生产中一次死亡 3 人以上的重特大事故已大幅度减少。而我国近年来重特大事故起数和死亡人数，以及职业病发病人数和死亡人数，仍比较突出。特别是煤矿、道路交通领域安全生产状况与发达国家相比差距较大。

五是生产安全事故引发的生态环境问题突出。近年来，生产安全事故导致的环境污染和生态破坏事故日益增多。2001 年至 2005 年发生的环境事故中，由生产安全事故引发的占 50%以上。

安全生产事故多发、安全生产形势严峻，有深层次的原因，浅层次的原因，有历史的原因，也有发展中的原因，概括起来有以下几个方面：

1. 一些地方政府和企业不能正确处理安全生产与经济发展的关系。对安全生产缺乏足够认识，存在重经济、轻安全的倾向，忽视安全发展，安全生产未能纳入地方经济社会发展规划和企业总体发展战略。“安全第一、预防为主、综合治理”的方针没有落到实处，在一些企业安全生产还没有成为自觉行动。

2. 安全生产基础总体比较薄弱。经济快速增长的同时，传统的粗放型经济增长方式尚未发生根本转变。企业安全投入不足，安全生产欠账严重，尤其是一些老工业企业和中小企业，生产工艺技术落后，设备老化陈旧，安全生产管理水平低。重大危险源数量大、分布广，没有建立起完善的监控管理体系。有些对人民群众生命财产安全构成严重威胁的重大事故隐患尚未得到有效治理。

3. 安全生产责任落实不到位。一些企业安全生产主体责任不落实，企业安全制度、安全培训、安全投入等方面与法律法规要求差距较大，安全生产管理混乱，甚至有些企业不顾职工生命安全，违法违规生产。有的地方领导干部，特别是县乡两级领导干部安全生产意识不强，在安全生产上投入的精力不够，有的甚至失职渎职、徇私舞弊、纵容和庇护非法生产行为。

4. 安全生产监管还存在许多薄弱环节。部分地方和部门安全监管监察措施不到位，执法不严格，安全生产监管监察缺乏权威性和有效性，对安全生产违法行为查处不力。部分行业安全生产管理弱化，一些专业监管部门存在组织不健全、监管手段落后等问题。部分地区安全生产监管机构、执法队伍建设缓慢，尤其是基层安全监管力量薄弱，少数市县尚未设立安全生产监管机构。一些部门联合执法机制不完善，未能形成合力。

5. 安全生产支撑体系不健全。安全生产法律法规有待进一步完善，技术标准制修订工作滞后；信息化水平低，尚未建立全国统一的安全生产信息网络系统；科技支撑力量薄弱，基础设施落后，科研投入不足，成果转化率低；宣传教育培训工作相对滞后，培训方式和手段落后；应急救援体系不健全，救援装备落后，应急管理意识淡薄，应对重特大事故的能力较差。

**三、安全生产目标**

2004 年初国务院做出的《关于进一步加强安全生产工作的决定》，明确了我国安全生产的中长期奋斗目标。

第一阶段：到 2007 年，建立起较为完善的安全监管体系，全国安全生产状况稳定好转，重点行业和领域事故多发状况得到扭转，工矿企业事故死亡人数、煤矿百万吨死亡率、道路交通万车死亡率等指标均有一定幅度的下降。

第二阶段：到2010年即“十一五”规划完成之际，初步形成规范完善的安全生产法治秩序，全国安全生产状况明显好转，重特大事故得到有效遏制，各类生产安全事故和死亡人数有较大幅度的下降。

第三阶段：到2020年即全面建成小康社会之时，实现全国安全生产状况的根本性好转，亿元国内生产总值事故死亡率、十万人事故死亡率等指标，达到或接近世界中等发达国家水平。

依据十六届五中全会《建议》提出的“十一五”期间要使安全生产状况进一步好转的奋斗目标，十届全国人大四次会议通过的规划纲要把安全生产列为专节，规划“十一五”期间亿元国内生产总值生产安全事故死亡率降低35%，工矿商贸企业十万从业人员生产安全事故死亡率降低25%。

# 第一章　安全生产法律法规知识简介

**学习目标：**

1. 了解我国安全生产主要法律法规知识。

2. 熟悉从业人员的权利和义务。

随着人类生产的不断发展和生活水平的提高，人类使用化学品的品种、数量在迅速增加，化学品已成为人类生存和生活不可缺少的一部分。目前已知的化学品已达 1 000 余万种，日常使用的约有 700 余万种，年产量超过 4 亿吨，年总产值已达 1 万亿美元左右。随着科学技术的进步，每年还有 1 000 余种化学品问世。

我国是化学品生产和使用大国，主要化学品产量和使用量都居世界前列。目前全球能够生产十几万种化学品，我国能生产化学品 4 万多种（包括各种品种、规格）。据统计，2004 年我国化肥总产量 4 519.8 万吨、硫酸 3 824.9 万吨、纯碱 1 266.8 万吨、染料 84.3 万吨，居世界第一；原油加工量 2.73 亿吨、烧碱 1 060.3 万吨，居世界第二；乙烯 625 万吨，居世界第三。截至 2005 年 6 月底，全国共有危险化学品从业单位 305 728 家，其中生产单位 24 055 家，储存单位 3 473 家，经营单位 214 463 家，运输单位 5 755 家，使用单位 57 719 家，废弃处置单位 263 家，涉及剧毒化学品的从业单位 16 186 家。2008 年全国化学品生产销售收入 65 843 亿元，职工人数 614 万。

化学工业是基础工业之一，它以其技术和产品服务于其他工业，也制约着其他工业的发展。化学工业和化学品的安全，是国民经济健康持续发展的重要保障条件之一。但是，不少化学品因其固有的易燃、易爆、有毒、有害的危险特性，容易发生造成群死群伤和重大财产损失的火灾、爆炸或中毒事故。因此，加强危险化学品安全管理，保障危险化学品在生产、经营、储存、运输、使用以及废弃物处置过程的安全，降低其危害、污染的风险，已引起世界各国的高度重视。

## 第一节 危险化学品安全管理的重要性

**要点掌握：**

危险化学品安全管理重要性是什么？

### 一、加强危险化学品安全管理是企业自身发展的需要

随着我国经济的快速发展，石油化工企业遍布全国大中城市，一些主要化工产品的产量位居世界前列。多数企业使用的原料、辅料及生产的产品、副产品及中间产品等大多属于危险化学品，在生产、储存、使用、运输、废弃物处置过程中容易发生火灾和爆炸。前面的事例已经说明，如果危险化学品管理不善，就有可能发生重大恶性事故，企业可能毁于一旦。因此，加强危险化学品安全管理是企业自身发展的需要。

**真实案例：重庆氯气泄漏事故**

2004 年 4 月 15 日至 16 日，处于主城区的重庆天原化工总厂发生氯气泄漏，后在抢险处置过程中突然发生爆炸，致使附近 15 万居民疏散撤离，造成了严重的社会影响。

## 二、加强危险化学品安全管理是社会安定的需要

危险化学品在生产、储存、运输、使用过程中由于管理不善而引发的事故很多，这些事故不仅对企业本身带来了严重危害，而且还会造成严重的社会影响，给人民的生命财产带来严重的损失，有的还给生态环境带来严重的影响。因此，加强危险化学品安全管理是社会安定的需要。

## 三、加强危险化学品安全管理是适应国际市场的需要

世界发达国家对危险化学品管理制定了较完善的管理法律法规，对危险化学品实行了全生命周期管理。国际化学品分类体系协调工作组按照有关章程和议程，在有关国际组织和国家的积极支持下，已形成了新的国际化学品分类和标签体系框架，指导世界各国按照新的国际标准制定本国标准。我国应尽早了解新的化学品分类和标签体系，建立我国化学品安全管理体系，与国际接轨。

另外，我国已经加入世界贸易组织（WTO），也应受到国际法律、法规、规则的约束，我们的市场要面向全世界。因此，我们一定要掌握化学品国际贸易中的有关知识，了解化学品的发展动态，做好化学品的国际一体化安全管理，以适应国际市场的需要。

# 第二节　安全生产法律法规

**要点掌握：**

1. 易制毒化学品第二类和第三类有哪些化学品？
2. 安全生产法规的主要作用是什么？

安全生产法律法规是保护劳动者在生产过程中的生命安全和身体健康的有关法令、规程、条例规定等法律文件的总称，又称

劳动保护法规。安全法规的主要作用是调整社会主义生产过程及商品流通过程中人与人之间、人与自然之间的关系，维护社会主义劳动法律关系中的权利与义务、生产与安全的辩证关系，以保障劳动者在生产过程中的安全和健康。

**一、《中华人民共和国宪法》**

《中华人民共和国宪法》第四十二条规定："中华人民共和国公民有劳动的权利和义务。国家通过各种途径，创造劳动就业条件，加强劳动保护，改善劳动条件，并在发展生产的基础上，提高劳动报酬和福利待遇……"第四十三条规定："中华人民共和国劳动者有休息的权利，国家发展劳动者休息和修养的设施，规定职工的工作时间和休假制度。"第四十八条规定："国家保护妇女的权利和利益……"

**二、《中华人民共和国安全生产法》**

《中华人民共和国安全生产法》于2002年6月29日第九届全国人民代表大会第二十八次常务委员会通过，同年11月1日颁布实施。共有7章97条，主要对"生产经营单位的安全生产保障""从业人员的权利和义务""安全生产的监督管理"及"法律责任"做出了基本的法律规定。

**三、《危险化学品安全管理条例》**

《危险化学品安全管理条例》于2002年1月26日颁布，2002年3月15日正式实施，共有7章74条。根据《条例》，生产、经营、储存、运输、使用危险化学品和处置废弃危险化学品的单位，其主要负责人必须保证本单位危险化学品的安全管理符合有关法律、法规、规章的规定和国家标准的要求，对本单位的安全负责。相关从业人员必须接受有关法律法规、安全知识、专业技术、职业卫生防护和应急救援知识的培训，经考核合格后方能上岗作业。

**四、《中华人民共和国职业病防治法》**

2001年10月27日，第九届全国人民代表大会常务委员会第二十四次会议通过《中华人民共和国职业病防治法》，以中华人民共和国主席令第60号发布，自2002年5月1日起施行。全法共有7章79条。

职业病防治工作的基本方针是“预防为主，防治结合”；管理的原则实行“分类管理、综合治理”。职业病一旦发生，较难治愈，所以职业病防治工作应抓致病源头，采取前期预防。职业病防治管理需要政府监督管理部门、用人单位、劳动者和其他相关单位共同履行自己的法定义务，才能达到预防为主的效果。

《中华人民共和国职业病防治法》对劳动过程中的防治与管理、职业病诊断与治疗及保障有以下规定：

1. 对从事接触职业病危害的作业的劳动者，用人单位应当按照国务院卫生行政部门的规定组织上岗前、在岗期间和离岗时的职业健康检查，并将检查结果如实告知劳动者。职业健康检查费用由用人单位承担。

用人单位不得安排未经上岗前职业健康检查的劳动者从事接触职业病危害的作业；不得安排有职业禁忌的劳动者从事其所禁忌的作业；对在职业健康检查中发现有与所从事的职业相关的健康损害的劳动者，应当调离原工作岗位，并妥善安置；对未进行离岗前职业健康检查的劳动者不得解除或者终止与其订立的劳动合同。

2. 用人单位应当为劳动者建立职业健康监护档案，并按照规定的期限妥善保存。劳动者离开用人单位时，有权索取本人职业健康监护档案复印件，用人单位应当如实、无偿提供，并在所提供的复印件上签章。

3. 发生或者可能发生急性职业病危害事故时，用人单位应当立即采取应急救援和控制措施，并及时报告所在地卫生行政部门和有关部门。对遭受或者可能遭受急性职业病危害的劳动者，用人单位应当及时组织救治、进行健康检查和医学观察，所需费用由用人单位承担。

4. 用人单位不得安排未成年工从事接触职业病危害的作业；不得安排孕期、哺乳期的女职工从事对本人和胎儿、婴儿有危害的作业。

5. 劳动者享有下列职业卫生保护权利：

（1）获得职业卫生教育、培训；

（2）获得职业健康检查、职业病诊疗、康复等职业病防治服务；

（3）了解工作场所产生或者可能产生的职业病危害因素、危害后果和应当采取的职业病防护措施；

（4）要求用人单位提供符合防治职业病要求的职业病防护设施和个人使用的职业病防护用品，改善工作条件；

（5）对违反职业病防治法律、法规以及危及生命健康的行为提出批评、检举和控告；

（6）拒绝违章指挥和强令进行没有职业病防护措施的作业；

（7）参与用人单位职业卫生工作的民主管理，对职业病防治工作提出意见和建议。

用人单位应当保障劳动者行使前款所列权利。因劳动者依法行使正当权利而降低其工资、福利等待遇或者解除、终止与其订立的劳动合同的，其行为无效。

6. 医疗卫生机构发现疑似职业病病人时，应当告知劳动者本人并及时通知用人单位。

用人单位应当及时安排对疑似职业病病人进行诊断；在疑似职业病病人诊断或者医学观察期间，不得解除或者终止与其订立的劳动合同。疑似职业病病人在诊断、医学观察期间的费用，由用人单位承担。

7. 职业病病人依法享受国家规定的职业病待遇。用人单位应当按照国家有关规定，安排职业病病人进行治疗、康复和定期检查。

用人单位对从事接触职业病危害的作业的劳动者，应当给予适当岗位津贴。用人单位对不适宜继续从事原工作的职业病病人，应当调离原岗位，并妥善安置。

8. 职业病病人的诊疗、康复费用，伤残以及丧失劳动能力的职业病病人的社会保障，按照国家有关工伤社会保险的规定执行。

9. 劳动者被诊断患有职业病，但用人单位没有依法参加工伤社会保险的，其医疗和生活保障由最后的用人单位承担；最后的用人单位有证据证明该职业病是先前用人单位的职业病危害造成的，由先前的用人单位承担。

**真实案例：**

1996 年 11 月，深圳市龙岗区某电子厂住院治疗人数达 56 人，其中女工 53 人，男工 3 人，重症者已瘫痪不起，有 7 人出现肌肉萎缩，走路拖步，轻微者让人搀扶可以行走。

调查发现这次发病的员工，主要分布在灌液和清洗两个车间。经对该厂生产环境进行卫生监测和病人的临床方面的检查，发现这两个车间正己烷的浓度超过卫生毒理学指标的 4.6 倍。诊断为正己烷引起的职业中毒。

该电子厂从 1995 年 11 月开始用正己烷取代氟利昂作为清洗液晶片和注液槽的溶剂，每周用量达 800 kg。然而，该电子厂在生产中使用这样一种危险物品，却只在车间一边的墙上安装了几台排气扇，车间是全封闭式，灌液车间面积为 100 $m^2$，清洗车间约 20 $m^2$，灌液车间每班要容纳二三十人上班，清洗车间要容纳十几人上班，而且每班工作时间达 10～12 小时，工厂又未给工人配备必要的防毒面罩和手套。因此，工人在没有得到必备的劳动防护的情况下，长期、反复地吸入并和皮肤接触正己烷，从而引起慢性中毒。

**知识链接**

正己烷是一种有毒的有机溶剂，在我国属于限制使用的化学溶剂，它会对人体神经造成损害，导致四肢麻木、无力、肌肉张力减退等症状。

**五、《工伤保险条例》**

2003 年 4 月 16 日，国务院第五次常务会议讨论通过《工伤保险条例》，并以国务院令第 375 号予以公布，自 2004 年 1 月 1 日起施行。该条例共分 8 章 64 条。具体内容如下：

1. 条例制定的目的是为了保障因工作遭受事故伤害或者患职业病的职工获得医疗救治和经济补偿，促进工伤预防和职业康复，分散用人单位的工伤风险。

2. 职工有下列情形之一的，应当认定为工伤：

（1）在工作时间和工作场所内，因工作原因受到事故伤害的；

（2）工作时间前后在工作场所内，从事与工作有关的预备性或者收尾性工作受到事故伤害的；

（3）在工作时间和工作场所内，因履行工作职责受到暴力等意外伤害的；

（4）患职业病的；

（5）因工外出期间，由于工作原因受到伤害或者发生事故下落不明的；

（6）在上下班途中，受到机动车事故伤害的；

（7）法律、行政法规规定应当认定为工伤的其他情形。

3. 职工因工作遭受事故伤害或者患职业病进行治疗，享受工伤医疗待遇。

**六、《中华人民共和国劳动法》**

1994 年 7 月 5 日，第八届全国人民代表大会常务委员会第八次会议审议通过《中华人民共和国劳动法》(以下简称《劳动法》),并于1995年1月1日起施行。该法作为我国第一部全面调整劳动关系的基本法和劳动法律体系的母法,是制定和执行其他劳动法律法规的依据。

《劳动法》第四章为工作时间和休假的条款规定:国家实行劳动者每日工作时间不超过八小时,平均每周工作时间不超过四十小时的工作制度;用人单位应当保证劳动者每周至少休息一日;用人单位由于生产经营需要,经与工会和劳动者协商后可以延长工作时间,一般每日不超过一小时,因特殊原因需要延长工作时间的,在保障劳动者身体健康的条件下延长工作时间每日不超过三小时,但是每月不超过三十六小时。

《劳动法》第六章劳动安全卫生的条款规定:用人单位必须建立、健全劳动安全卫生制度,严格执行国家劳动安全卫生规程和标准,对劳动者进行劳动卫生安全教育,防止劳动过程中的事故,减少职业危害;用人单位必须为劳动者提供符合国家规定的劳动安全卫生条件和必要劳动防护用品,对从事有职业危害作业的劳动者应当定期进行健康体检;从事特种作业的劳动者必须经过专门培训并取得特种作业资格证;劳动者在劳动过程中必须严格遵守安全操作规程,劳动者对用人单位管理人员违章指挥、强令冒险作业,有权提出批评、检举和控告。

**七、《易制毒化学品管理条例》**

《易制毒化学品管理条例》于2005年8月17日国务院第102次常务会通过,并于2005年11月1日起施行,共有8章45条。其目的是为了加强易制毒化学品管理,规范易制毒化学品的生产、经营、购买、运输和进口、出口行为,防止易制毒化学品被用于制造毒品,维护经济和社会秩序。国家对易制毒化学品生产、经营、购买、运输和进、出口实行分类管理和许可制度。

凡申请购买第一类易制毒化学品者,应当提交下列证件,经该条例第十五条规定的行政主管部门审批，取得购买许可证：

1. 经营企业提交企业营业执照和合法使用需要证明；

2. 其他组织提交登记证书（成立批准文件）和合法使用需要证明。

申请购买第一类中的药品类易制毒化学品的，由所在地的省、自治区、直辖市人民政府食品药品监督管理部门审批；申请购买第一类中的非药品类易制毒化学品的，由所在地的省、自治区、直辖市人民政府公安机关审批。

前款规定的行政主管部门应当自收到申请之日起 10 日内，对申请人提交的申请材料和证件进行审查。对符合规定的，发给购买许可证；不予许可的，应当书面说明理由。

审查第一类易制毒化学品购买许可申请材料时，根据需要，可以进行实地核查。

持有麻醉药品、第一类精神药品购买印鉴卡的医疗机构购买第一类中的药品类易制毒化学品的，无须申请第一类易制毒化学品购买许可证。个人不得购买第一类、第二类易制毒化学品。

购买第二类、第三类易制毒化学品的，应当在购买前将所需购买的品种、数量，向所在地的县级人民政府公安机关备案。个人自用购买少量高锰酸钾的，无须备案。

经营单位销售第一类易制毒化学品时，应当查验购买许可证和经办人的身份证明。对委托代购的，还应当查验购买人持有的委托文书。经营单位在查验无误、留存上述证明材料的复印件后，方可出售第一类易制毒化学品；发现可疑情况的，应当立即向当地公安机关报告。

经营单位应当建立易制毒化学品销售台账，如实记录销售的品种、数量、日期、购买方等情况。销售台账和证明材料复印件应当保存 2 年备查。

第一类易制毒化学品的销售情况，应当自销售之日起 5 日内报当地公安机关备案；第一类易制毒化学品的使用单位，应当建立使用台账，并保存2年备查。

第二类、第三类易制毒化学品的销售情况，应当自销售之日起30日内报当地公安机关备案。

运输管理跨设区的市级行政区域（直辖市为跨市界）或者在国务院公安部门确定的禁毒形势严峻的重点地区跨县级行政区域运输第一类易制毒化学品的，由运出地的设区的市级人民政府公安机关审批；运输第二类易制毒化学品的，由运出地的县级人民政府公安机关审批。经审批取得易制毒化学品运输许可证后，方可运输。

运输第三类易制毒化学品的，应当在运输前向运出地的县级人民政府公安机关备案。公安机关应当于收到备案材料的当日发给备案证明。

申请易制毒化学品运输许可，应当提交易制毒化学品的购销合同，货主是企业的，应当提交营业执照；货主是其他组织的，应当提交登记证书（成立批准文件）；货主是个人的，应当提交其个人身份证明。经办人还应当提交本人的身份证明。

公安机关应当自收到第一类易制毒化学品运输许可申请之日起10日内，收到第二类易制毒化学品运输许可申请之日起3日内，对申请人提交的申请材料进行审查。对符合规定的，发给运输许可证；不予许可的，应当书面说明理由。

审查第一类易制毒化学品运输许可申请材料时，根据需要，可以进行实地核查。对许可运输第一类易制毒化学品的，发给一次有效的运输许可证。

对许可运输第二类易制毒化学品的，发给3个月有效的运输许可证；6个月内运输安全状况良好的，发给12个月有效的运输许可证。

易制毒化学品运输许可证应当载明拟运输的易制毒化学品的品种、数量、运入地、货主及收货人、承运人情况以及运输许可证种类。

第 23 条规定运输供教学、科研使用的 100 克以下的麻黄素样品和供医疗机构制剂配方使用的小包装麻黄素以及医疗机构或者麻醉药品经营企业购买麻黄素片剂 6 万片以下、注射剂 1.5 万支以下，货主或者承运人持有依法取得的购买许可证明或者麻醉药品调拨单的，无须申请易制毒化学品运输许可。

因治疗疾病需要，患者、患者近亲属或者患者委托的人凭医疗机构出具的医疗诊断书和本人的身份证明，可以随身携带第一类中的药品类易制毒化学品药品制剂，但是不得超过医用单张处方的最大剂量。

医用单张处方最大剂量，由国务院卫生主管部门规定、公布。

易制毒化学品分为三类。第一类是可以用于制毒的主要原料，第二类、第三类是可以用于制毒的化学配剂。第一类包括：1—苯基—2—丙酮、3，4—亚甲基二氧苯基—2—丙酮、胡椒醛、黄樟素、黄樟油、异黄樟素、N—乙酰邻氨基苯酸、邻氨基苯甲酸、麦角酸、麦角胺、麦角新碱、麻黄素、伪麻黄素、消旋麻黄素、去甲麻黄素、甲基麻黄素、麻黄浸膏、麻黄浸膏粉等麻黄素类物质。第二类包括：苯乙酸、醋酸酐、三氯甲烷、乙醚、哌啶。第三类包括：甲苯、丙酮、甲基乙基酮、高锰酸钾、硫酸、盐酸。

**八、《中华人民共和国固体废物污染环境防治法》**

《中华人民共和国固体废物污染环境防治法》已由中华人民共和国第十届全国人民代表大会常务委员会第十三次会议于 2004 年 12 月 29 日修订通过，修订后的《中华人民共和国固体废物污染环境防治法》有 6 章 91 条，自 2005 年 4 月 1 日起施行。其立法的目的是为了防治固体废物污染环境，保障人体健康，维护生态安全，促进经济社会可持续发展。

## 九、《生产安全事故报告和调查处理条例》

**真实案例：**

2009年5月30日10时55分，重庆市松藻煤电有限公司同华煤矿接替采区在建设施工过程中发生特别重大煤与瓦斯突出事故，突出煤量约3 000吨，突出瓦斯约28.5万立方米，造成30人死亡，79人受伤。

经初步调查，这起事故是掘进该工程皮带斜井揭突出煤层时违规违章造成的。事故发生后，6月5日，重庆市委、市政府已按干部管理权限，责令松藻煤电有限公司分管安全的副总经理和川九建设公司总经理停职检查，公安机关依法对同华煤矿矿长、总工程师和川九建设公司项目经理予以刑事拘留。

《生产安全事故报告和调查处理条例》已经在2007年3月28日国务院第172次常务会议上通过，自2007年6月1日起施行。条例分为6章46条，目的是为了规范生产安全事故的报告和调查处理，落实生产安全事故责任追究制度，防止和减少生产安全事故。

## 十、《民用爆破物品安全管理条例》

《民用爆炸物品安全管理条例》已经于2006年4月26日国务院第134次常务会议通过，自2006年9月1日起施行。条例分为8章55条，目的是为了加强对民用爆炸物品的安全管理，预防爆炸事故发生，保障公民生命、财产安全和公共安全。

民用爆炸物品，是指用于非军事目的、列入民用爆炸物品品名表的各类火药、炸药及其制品和雷管、导火索等点火、起爆器材。申请从事民用爆炸物品生产的企业，应当具备下列条件：

1. 符合国家产业结构规划和产业技术标准；

2. 厂房和专用仓库的设计、结构、建筑材料、安全距离以及防火、防爆、防雷、防静电等安全设备、设施符合国家有关标准和规范；

3. 生产设备、工艺符合有关安全生产的技术标准和规程；

4. 有具备相应资格的专业技术人员、安全生产管理人员和生产岗位人员；

5. 有健全的安全管理制度、岗位安全责任制度；

6. 法律、行政法规规定的其他条件。

申请从事民用爆炸物品生产的企业，应当向国务院国防科技工业主管部门提交申请书、可行性研究报告以及能够证明其符合本条例第十一条规定条件的有关材料。国务院国防科技工业主管部门应当自受理申请之日起 45 日内进行审查，对符合条件的，核发《民用爆炸物品生产许可证》；对不符合条件的，不予核发《民用爆炸物品生产许可证》，并书面向申请人说明理由。

**十一、《使用有毒物品作业场所劳动保护条例》**

2002 年 4 月 30 日，国务院第 57 次常务会议通过《使用有毒物品作业场所劳动保护条例》，并以国务院令第 352 号公布、施行。该条例共有 8 章 71 条，具体规定如下：

1. 条例制定的目的是为了保证作业场所安全使用有毒物品，预防、控制和消除职业中毒危害，保护劳动者的生命安全、身体健康及其相关权益。

2. 用人单位应当对劳动者进行上岗前的职业卫生培训和在岗期间的定期职业卫生培训，普及有关职业卫生知识，督促劳动者遵守有关法律、法规和操作规程，指导劳动者正确使用职业中毒危害防护设备和个人使用的职业中毒危害防护用品。劳动者经培训考核合格，方可上岗作业。

3. 用人单位应当为从事使用有毒物品作业的劳动者提供符合国家职业卫生标准的防护用品，并确保劳动者正确使用。

4. 用人单位应当组织从事使用有毒物品作业的劳动者进行上岗前职业健康检查。用人单位不得安排未经上岗前职业健康检查的劳动者从事使用有毒物品的作业，不得安排有职业禁忌的劳动者从事其所禁忌的作业。

5. 用人单位应当对从事使用有毒物品作业的劳动者进行定期职业健康检查。用人单位发现有职业禁忌或者有与所从事职业相关的健康损害的劳动者，应当将其及时调离原工作岗位，并妥善安置。用人单位对需要复查和医学观察的劳动者，应当按照体检机构的要求安排其复查和医学观察。

6. 用人单位对受到或者可能受到急性职业中毒危害的劳动者，应当及时组织进行健康检查和医学观察。

7. 从事使用有毒物品作业的劳动者在存在威胁生命安全或者身体健康危险的情况下，有权通知用人单位并从使用有毒物品造成的危险现场撤离。

8. 劳动者应当学习和掌握相关职业卫生知识，遵守有关劳动保护的法律、法规和操作规程，正确使用和维护职业中毒危害防护设施及其用品；发现职业中毒事故隐患时，应当及时报告。作业场所出现使用有毒物品产生的危险时，劳动者应当采取必要措施，按照规定正确使用防护设施，将危险加以消除或者减少到最低限度。

**知识链接**

《170 号国际公约》的宗旨是要求政府主管当局、雇主、工人共同协商努力，采取措施，保护工人免受化学品有害的影响，有助于保护公众和环境。通过下列方法预防或减少工作中化学品导致的疾病和伤害事故：

（1）保证对所有化学品进行评价以确定其危害性；

（2）为雇主提供一定机制，以从供货者处得到关于工作中使用的化学品的资料，从而使他们能够实施保护工人免受化学品危害的有效计划；

（3）为工人提供关于其作业场所使用的化学品及其适当防护措施的资料，从而使他们能有效地参与保护计划；

（4）确定关于此类计划的原则，以保证化学品的安全使用。

**十二、《作业场所安全使用化学品公约》（第170号国际公约）**

1990年，第七十七届国际劳工大会通过《作业场所安全使用化学品公约》（第170号国际公约）。我国于1994年10月22日由第八届全国人民代表大会常务委员会第十次会议审议通过。

《170号国际公约》分为7个部分共27条，第一部分为范围和定义；第二部分为总则；第三部分为分类和有关措施；第四部分为雇主的责任；第五部分为工人的义务；第六部分为工人及其代表的权利；第七部分为出口国的责任。该公约明确了政府主管当局的责任；供货人的责任；雇主的责任；工人的义务；工人的权利；出口国的责任。

## 第三节　从业人员权利和义务

**要点掌握：**

1. 从业人员应享受什么权利？
2. 从业人员有什么义务？

**一、从业人员的人身保障权利**

《安全生产法》主要规定了各类从业人员必须享有的、有关安全生产和人身安全的最重要、最基本的权利。这些基本安全生产权利，可以概括为以下五项：

1. 享受工伤保险和伤亡赔偿权

《安全生产法》明确赋予了从业人员享有工伤保险和获得伤亡赔偿的权利，同时规定了生产经营单位的相关义务。《安全生产法》第四十四条规定："生产经营单位与从业人员订立的劳动合同，应当载明有关保障从业人员劳动安全、防止职业危害的事项，以及依法为从业人员办理工伤社会保险的事项。生产经营单位不得以任何形式与从业人员订立协议，免除或者减轻其对从业人员因生产安全事故伤亡依法应当承担的责任。”第四十八条规定：“因生产安全事故受到损害的人员，除依法享有获得工伤社会保险外，依照有关民事法律尚有获得赔偿的权利的，有权向本单位提出赔偿要求。”第四十三条规定：“生产经营单位必须依法参加工伤社会保险，为从业人员缴纳保险费。”此外，法律还规定生产经营单位与从业人员订立免除或者减轻其对从业人员因生产安全事故伤亡依法应承担的责任的协议无效。

2. 危险因素和应急措施的知情权

《安全生产法》规定，生产经营单位从业人员有权利了解其作业场所和工作岗位存在的危险因素及事故应急措施。要保证从业人员这项权利的行使，生产经营单位就有义务事前告知有关危险因素和事故应急措施。否则，生产经营单位就侵犯了从业人员的权利，并应对由此产生的后果承担相应的法律责任。

3. 安全管理的批评检控权

从业人员是生产经营活动的直接承担者，也是生产经营活动中各种危险的直接面对者，他们对安全生产情况和安全管理中的问题最了解、最熟悉，具有他人不能替代的作用。只有依靠他们并且赋予他们必要的安全监督权和自我保护权，才能做到预防为主，防患于未然，保证企业安全生产。所以，《安全生产法》规定，从业人员有权对本单位安全生产工作中存在的问题提出批评、检举、控告。

4. 拒绝违章指挥和强令冒险作业权

在生产经营活动中，经常出现企业负责人或者管理人员违章指挥和强令从业人员冒险作业的现象，并由此导致事故，造成大量人员伤亡。《安全生产法》第四十六条规定：“生产经营单位不得因从业人员对本单位安全生产工作提出批评、检举、控告或者拒绝违章指挥、强令冒险作业而降低其工资、福利等待遇或者解除与其订立的劳动合同。”

5. 紧急情况下的停止作业和紧急撤离权

由于生产经营场所的自然和人为的危险因素的存在，经常会在生产经营作业过程中发生一些意外的或者人为的直接危及从业人员人身安全的危险情况，将会或者可能会对从业人员造成人身伤害。比如从事危险物品生产作业的从业人员，一旦发现将要发生危险物品泄漏、燃烧、爆炸等紧急情况并且无法避免时，最大限度地保护现场作业人员的生命安全是第一位的，法律赋予他们享有停止作业和紧急撤离的权利。《安全生产法》第四十七条规定："从业人员发现直接危及人身安全的紧急情况时，有权停止作业或者在采取可能的应急措施后撤离作业场所。生产经营单位不得因从业人员在前款紧急情况下停止作业或者采取紧急撤离措施而降低其工资、福利等待遇或者解除与其订立的劳动合同。"从业人员在行使这项权利的时候，必须明确四点：一是危及从业人员人身安全的紧急情况必须有确实可靠的直接根据，凭借个人猜测或者误判而实际并不属于危及人身安全的紧急情况除外。二是紧急情况必须直接危及人身安全，间接或者可能危及人身安全的情况不应撤离，而应采取有效处理措施。三是出现危及人身安全的紧急情况时，首先是停止作业，然后要采取可能的应急措施；采取应急措施无效时，再撤离作业场所。四是该项权利不适用于某些从事特殊职业的从业人员，比如飞行人员、船舶驾驶人员、车辆驾驶人员等。根据有关法律，国际公约和职业惯例，在发生危及人身安全的紧急情况下，他们不能或者不能先行撤离从业场所或者岗位。

**二、从业人员的义务**

1. 遵章守规，服从管理的义务

《安全生产法》第四十九条规定："从业人员在从业过程中，应当严格遵守本单位的安全生产规章制度和操作规程。"根据《安全生产法》和其他有关法律、法规和规章的规定，生产经营单位必须制定本单位安全生产的规章制度和操作规程。从业人员必须严格依照这些规章制度和操作规程进行生产经营作业。生产经营单位的从业人员不服从管理，违反安全生产规章制度和操作规程的，由生产经营单位给予批评教育，依照有关规章制度给予处分；造成重大事故，构成犯罪的，依照刑法有关规定追究刑事责任。

2. 佩戴和使用劳保用品的义务

按照法律、法规的规定，为保障人身安全，生产经营单位必须为从业人员提供必要的、安全的劳动防护用品，以避免或者减轻作业和事故中的人身伤害。但实践中由于一些从业人员缺乏安全知识，认为佩戴和使用劳动防护用品没有必要，往往不按规定佩戴或者不能正确佩戴和使用劳动防护用品，由此引发的人身伤害时有发生，造成不必要的伤亡。另外有的从业人员虽然佩戴和使用劳动防护用品，但由于不会或者没有正确使用而发生人身伤害的案例也很多。因此，正确佩戴和使用劳动防护用品是从业人员必须履行的法定义务，这是保障从业人员人身安全和生产经营单位安全生产的需要。从业人员不履行该项义务而造成人身伤害的，生产经营单位不承担法律责任。

3. 接受培训，掌握安全生产技能的义务

从业人员的安全生产意识和安全技能的高低，直接关系到生产经营活动的安全可靠性。特别是从事危险物品生产作业的从业人员，更需要具有系统的安全知识，熟练的安全生产技能，以及对不安全因素和事故隐患、突发事故的预防、处理能力和经验。许多国有和大型企业一般比较重视安全培训工作，从业人员的安全素质比较高。但是许多非国有和中小企业不重视或者不搞安全培训，有的没有经过专门的安全生产培训，或者简单应付了事，其中部分从业人员不具备应有的安全素质，因此违章违规操作，酿成事故的比比皆是。所以，为了明确从业人员接受培训、提高安全素质的法定义务，《安全生产法》第五十条规定：“从业人员应当接受安全生产教育和培训，掌握本职工作所需的安全生产知识，提高安全生产技能，增强事故预防和应急处理能力。”

4. 发现事故隐患及时报告的义务

从业人员直接进行生产经营作业，他们是事故隐患和不安全因素的第一当事人。许多生产安全事故是由于从业人员在作业现场发现事故隐患和不安全因素后，没有及时报告，以致延误了采取措施进行紧急处理的时机，并由此发生重大、特大事故。如果从业人员尽职尽责，及时发现并报告事故隐患和不安全因素，许多事故能够得到及时报告并得到有效处理，完全可以避免事故发生和降低事故损失。所以，《安全生产法》第五十一条规定："从业人员发现事故隐患或者其他不安全因素，应当立即向现场安全生产管理人员或者本单位负责人报告；接到报告的人员应当及时予以处理。"这就要求从业人员必须具有高度的责任心，及时发现事故隐患和不安全因素，防患于未然，预防事故发生。

**三、从业人员的岗位职责**

随着科学技术的发展，机械化、自动化程度的提高，对劳动者的素质要求也在不断地提高，不仅要求劳动者要有熟练的操作技能，而且要求劳动者具有良好的安全意识和安全操作技术。中华人民共和国《危险化学品安全管理条例》（国务院令第 344 号）第四条明确规定：危险化学品单位从事生产、经营、储存、运输、使用危险化学品或者处置废弃危险化学品活动的人员，必须接受有关法律、法规、规章和安全知识、专业技术、职业卫生防护和应急救援知识的培训，并经考核合格，方可上岗作业。因此，企业必须对从业人员上岗前进行"三级安全教育"（厂级教育、车间教育和班组教育），由于危险化学品生产经营单位操作人员岗位是特殊岗位还应进行特殊工种的安全知识培训，取得相应 IC 卡证后方可进行上岗操作。

## 第四节 安全生产责任追究

**要点掌握：**

安全生产中构成犯罪须具备哪些条件？

### 一、行政责任

**真实案例：**

2005年11月13日13时40分左右，中国石油吉林石化公司双苯厂（又称101厂）一装置发生爆炸，爆炸事故导致松花江水污染，国务院对事件做出处理，同意对吉化分公司董事长等12名事故及事件责任人员给予相应的党纪、行政处分。

按照《安全生产法》第九十条的规定，从业人员违反有关规章制度和操作规程的，应当按照以下几个方面进行处理：

1. 由生产经营单位给予批评教育

即由生产经营单位对该从业人员由于违反规章制度和操作规程的行为进行批评，同时对其进行有关安全生产方面知识的教育。

2. 依照有关规章制度给予处分

这里讲的规章制度包括企业依法制定的内部奖惩制度。另外，根据国务院颁布的《企业职工奖惩条例》的规定，对于全民所有制企业和城镇集体所有制企业的职工的处分包括：警告、记过、记大过、降级、撤职、留用察看、开除七种。具体给予哪种处分，可根据从业人员违反规章制度行为的情节决定。

## 二、民事责任

《中华人民共和国民法通则》是调整一定范围的财产关系和人身关系的法律规范的总和。民法责任是民事主体违反民法的规定，违反民事义务应承担的法律后果。民事责任主要有侵权民事责任、国家机关和法人侵权的民事责任、违反《中华人民共和国劳动法》造成劳动者损害的民事责任、违反《中华人民共和国产品质量法》的民事责任，以及高度危险的作业造成他人损害的民事责任。

## 三、刑事责任

**真实案例：**

2007年12月5日，洪洞县瑞之源煤业有限公司（原新窑煤矿）9＃煤层瓦斯积聚达到爆炸浓度界限，因放炮产生火焰引爆，煤尘参与爆炸，造成105人死亡，7人重伤，1人轻伤，直接经济损失4 000余万元。事故发生后，相关责任人员延报5个多小时，又盲目组织人员施救，导致次生事故，伤亡扩大。该煤业公司和19名相关责任人分别构成非法买卖爆炸物罪，非法采矿罪，重大责任事故罪，不报、谎报安全事故罪，强令违章冒险作业罪，偷税罪和隐瞒、故意销毁会计凭证罪予以追究刑事责任。

按照《安全生产法》第九十条的规定，生产经营单位的从业人员不服从管理，违反安全生产规章制度或者操作规程，造成重大事故，构成犯罪的，依照刑法有关规定追究刑事责任。这里讲的“构成犯罪”，主要是指构成《刑法》第一百三十四条规定的重大责任事故的犯罪。构成本条规定的犯罪，须具备以下条件：一是从业人员在客观上实施了不服从管理，违反规章制度的行为；二是造成重大事故。按照刑法第一百三十四条的规定，工厂、矿山，林场、建筑企业或者其他企业、事业单位的职工，由于不服从管理，违反规章制度，或者强令工人违章冒险作业，因而发生重大伤亡事故或者造成其他严重后果的，处三年以下有期徒刑或者拘役；情节特别恶劣的，处三年以上七年以下有期徒刑。

生产经营单位主要负责人的责任按照《安全生产法》第九十一条的规定："生产经营单位主要负责人在本单位发生重大生产安全事故时，不立即组织抢救或者在事故调查处理期间擅离职守或者逃匿的，给予降职、撤职的处分，对逃匿的处十五日以下拘留；构成犯罪的，依照刑法有关规定追究刑事责任。"

按照《生产安全事故报告和调查处理条例》第三十九条规定有关人员在发生事故时不立即组织事故抢救的、迟报、漏报、谎报或者瞒报事故的、阻碍、干涉事故调查工作的、在事故调查中作伪证或者指使他人作伪证的将对直接负责的主管人员和其他直接责任人员依法给予处分；构成犯罪的，依法追究刑事责任。

# 第二章　危险化学品安全基础知识

**学习目标：**

1. 熟悉危险化学品概念、分类和特性。
2. 能够辨识危险化学品安全标志。
3. 熟悉危险化学品安全标签和安全技术说明书知识。
4. 熟悉危险化学品储存、包装和废弃危险化学品的处置知识。

## 第一节　危险化学品概述

**要点掌握：**

1. 什么是危险化学品？
2. 危险化学品有哪些危害？

### 一、化学品及危险化学品概念

1. 化学品

化学品是指由各种化学元素组成的化合物及其混合物，无论是天然的或人造的。

2. 危险化学品

危险化学品是指化学品中具有易燃、易爆、有毒、有害及有腐蚀特性，能对人员、设施、环境造成伤害或损害的化学品。如氯气有毒、有刺激性，硝酸有强烈腐蚀性，均属危险化学品。

## 二、危险化学品危害

危险化学品的危害主要包括燃爆危害、健康危害和环境危害。

**真实案例：**

1984年12月3日，美国联合碳化物公司印度博帕尔工厂装置发生爆炸后毒物泄漏，异氰酸甲酯向四周扩散至附近居民区，导致4 000名居民中毒死亡，200 000人深受其害，是世界工业史上绝无仅有的大惨案。

### 1. 危险化学品燃爆危害

燃爆危害是指化学品能引起燃烧、爆炸的危险程度。化工尤其是石油化工企业由于生产中使用的原料、中间产品及产品多为易燃、易爆物，一旦发生火灾、爆炸事故，会造成严重的后果。因此了解危险化学品火灾、爆炸危害，正确进行危害性评价，及时采取防范措施，对搞好安全生产，防止事故发生具有重要意义。

### 2. 危险化学品健康危害

健康危害是指接触后能对人体产生危害的大小。由于危险化学品的毒性、刺激性、腐蚀性、麻醉性、窒息性等特性，导致人员中毒事故每年都有发生。2000年到2002年化学事故统计显示，由于危险化学品的毒性危害导致的人员伤亡占危险化学品安全事故伤亡的50%左右，关注危险化学品健康危害，将是化学品安全管理的重要内容。

### 3. 危险化学品环境危害

环境危害是指危险化学品对环境影响的危害程度。随着工业发展，各种危险化学品的产量大量增加，新的危险化学品也不断涌现，人们充分利用危险化学品的同时，也产生了大量的废物，其中不乏有毒有害物质。如何认识危险化学品污染危害，最大限度地降低危险化学品的污染，加强环境保护力度，已是人们亟待解决的问题。

### 三、危险化学品危害控制的一般原则

化学品危害预防和控制的基本原则一般包括两个方面：操作控制和管理控制。

操作控制的目的是通过采取适当的措施，消除或降低工作场所的危害，防止工人在正常作业时受到有害物质的侵害。采取的主要措施是替代、变更工艺、隔离、通风、个体防护和卫生。

管理控制是指通过管理手段按照国家法律和标准建立管理程序和措施，是预防危险化学品危害的重要方面。如作业场所进行危害识别、张贴标志、在危险化学品包装上粘贴安全标签、危险化学品运输、经营过程中附危险化学品安全技术说明书、从业人员进行安全培训和资质认定，采取接触监测、医学监督等措施均可达到管理控制的目的。

## 第二节　危险化学品分类和特性

**要点掌握：**

1. 危险化学品分为几类？
2. 危险化学品的特性有哪些？

《危险化学品安全管理条例》规定，危险化学品列入以国家标准公布的《危险货物品名表》（GB 12268—90）。剧毒化学品和未列入《危险货物品名表》（GB 12268—90）中的其他危险化学品由国务院有关部门确定并公布。

## 一、危险化学品分类

危险化学品种类繁多，分类方法也不尽一致。根据国家质量技术监督局发布的国家标准《常用危险化学品的分类及标志》(GB 13690—1992)，按主要危险特性把危险化学品分为 8 类，并规定了常用危险化学品的包装标志 27 种。

第 1 类：爆炸品

第 2 类：压缩气体和液化气体

第 1 项　易燃气体

第 2 项　不燃气体（包括助燃气体）

第 3 项　有毒气体

第 3 类：易燃液体

第 1 项　低闪点液体

第 2 项　中闪点液体

第 3 项　高闪点液体

第 4 类：易燃固体，自燃物品和遇湿易燃物品

第 1 项　易燃固体

第 2 项　自燃物品

第 3 项　遇湿易燃物品

第 5 类：氧化剂和有机过氧化物

第 1 项　氧化剂

第 2 项　有机过氧化物

第 6 类：有毒品

第 7 类：放射性物品

第 8 类：腐蚀品

第 1 项　酸性腐蚀品

第 2 项　碱性腐蚀品

第 3 项　其他腐蚀品

《条例》按照危险化学品的理化性质和危险性，将危险化学品分为七大类，即爆炸品、压缩气体和液化气体、易燃液体、易

燃固体、自燃物品和遇湿易燃物品、氧化剂和有机过氧化物、有毒品和腐蚀品。

## 二、危险化学品特性

1. 爆炸品

（1）爆炸品的定义。本类化学品指在外界因素作用下（如受热、受压、撞击等），能发生剧烈的化学反应，瞬时产生大量的气体和热量，使周围压力急剧上升，发生爆炸，对周围环境造成破坏的物品。

（2）爆炸品的主要特性。

1）爆炸性。爆炸品都具有化学不稳定性，在受热、撞击、摩擦、遇明火等条件下能以极快的速度发生猛烈的化学反应，产生的大量气体和热量，在短时间内无法逸散开去，致使周围的温度迅速升高并产生巨大的压力而引起爆炸。爆炸品一旦发生爆炸，往往危害大、损失大、扑救困难，因此从事爆炸品工作的人员必须熟悉爆炸品的性能、危险特性和不同爆炸品的特殊要求。

2）殉爆性。当炸药爆炸时，能引起位于一定距离之外的炸药也发生爆炸，这种现象称为殉爆。殉爆发生的原因是冲击波的传播作用，距离越近冲击波强度越大。由于爆炸品具有殉爆的性质，因此对爆炸品的储存和运输必须高度重视，严格要求，加强管理。

2. 压缩气体和液化气体

（1）压缩气体和液化气体的定义。本类化学品系指压缩、液化或加压溶解的气体，并应符合下述两种情况之一：其一临界温度低于 50℃，或在 50℃时，其蒸汽压力大于 294 kPa 的压缩或液化气体；其二温度在 21.1℃时，气体的绝对压力大于 275.1 kPa，或在 54.4℃时，气体的绝对压力大于 715 kPa 的压缩气体；或在 37.8℃时，雷德蒸汽压力大于 275 kPa 的液化气体或加压溶解的气体。

(2) 压缩气体和液化气体的特性。本类化学品当受热、撞击或强烈振动时，容器内压力急剧增大，致使容器破裂爆炸，或导致气瓶阀门松动漏气，酿成火灾或中毒事故。

1）易燃易爆性。该类化学品超过半数是易燃气体，易燃气体的主要危险特性就是易燃易爆，处于燃烧浓度范围之内的易燃气体，遇着火源都能着火或爆炸，有的甚至只需极微小能量就可燃爆。简单成分组成的气体比复杂成分组成的气体易燃，燃烧速度快，火焰温度高，着火爆炸危险性大。由于充装容器为压力容器，受热或在火场上受热辐射时还易发生物理性爆炸。

2）扩散性。压缩气体和液化气体由于气体的分子间距大，相互作用小，所以非常容易扩散，能自发地充满任何容器。

气体的扩散性受相对密度影响，比空气轻的气体在空气中可以无限制地扩散，易与空气形成爆炸性混合物；比空气重的气体扩散后，往往聚集在地表、沟渠、隧道、厂房死角等处，长时间不散，遇着火源发生燃烧或爆炸。

3）可缩性能膨胀性。压缩气体和液化气体的热胀冷缩比液体、固体大得多，其体积随温度的升降而胀缩。

4）静电性。压缩气体和液化气体从管口破损处高速喷出时，由于强烈的摩擦作用，会产生静电。

5）腐蚀毒害性。压缩气体和液化气体主要是一些含氢、硫元素的气体，具有腐蚀作用。如氢、氨、硫化氢都能腐蚀设备，严重时可导致设备裂缝，漏气。这类危险化学品除了氧气和压缩空气外，大都具有一定的毒害性。

6）窒息性。压缩气体和液化气体都有一定的窒息性（氧气和压缩空气除外）。如二氧化碳、氮气、氦、等情性气体，一旦发生泄漏，能使人窒息死亡。

7）氧化性。压缩气体和液化气体的氧化性表现为三种情况：

第一种是易燃气体，如氢气、甲烷等；第二种是助燃气体，如氧气、压缩空气、一氧化二氮；第三种是本身不燃，但氧化性很强，与可燃气体混合后能发生燃烧或爆炸的气体，如氯气与乙炔混合即可爆炸，氯气与氢气混合见光可爆炸。

3. 易燃液体

（1）易燃液体的定义。本类化学品系指易燃的液体、液体混合物或含有固体物质的液体，但不包括由于其危险特性已列入其他类别的液体。其闭杯试验闪点等于或低于61℃。

（2）易燃液体的特性。

1）易挥发性。易燃液体的沸点都很低，易燃液体很容易挥发出易燃蒸汽，达到一定浓度后遇到着火源而燃烧。

2）受热膨胀性。易燃液体的膨胀系数比较大，受热后体积容易膨胀，同时其蒸汽压也随之升高，从而使密封容器中内部压力增大，造成“鼓桶”，甚至爆裂，在容器爆裂时产生火花而引起燃烧爆炸。

3）流动扩散性。易燃液体的黏度一般都很小，本身极易流动扩散，常常还会因为渗透、浸润及毛细现象等作用不断地挥发，从而增加燃烧爆炸的危险性。

4）静电性。多数易燃液体都是电介质，在灌注、输送、流动过程中能够产生静电，静电积聚到一定程度时就会放电，引起着火或爆炸。

5）毒害性。易燃液体大多本身（或蒸汽）具有毒害性，如1，3一丁二烯，2一氯丙烯，丙烯醛等。不饱和芳香族碳氢化合物和易蒸发的石油产品比饱和的碳氢化合物、不易挥发的石油产品的毒性大。

4. 易燃固体、自燃物品和遇湿易燃物品

（1）易燃固体、自燃物品和遇湿易燃物品的定义。易燃固体系指燃点低，对热、撞击、摩擦敏感，易被外部火源点燃，燃烧迅速，并可能散发出有毒烟雾或有毒气体的固体，但不包括已列入爆炸品的物品，如红磷。

自燃物品系指自燃点低，在空气中易发生氧化反应，放出热量，而自行燃烧的物品，如白磷。

遇湿易燃物品系指遇水或受潮时，发生剧烈化学反应，放出大量的易燃气体和热量的物品。有的不需明火，即能燃烧或爆炸。如钾、钠等。

（2）易燃固体、自燃物品和遇湿易燃物品的特性。

1）易燃固体的特性。其一易燃固体的着火点都比较低，一般都在300℃以下，在常温下只要有很小能量的着火源就能引起燃烧。有些易燃固体当受到摩擦、撞击等外力作用时也能引起燃烧；其二大多数易燃固体遇热易分解；其三很多易燃固体本身具有毒害性，或燃烧后产生有毒物质；其四易燃固体中的赛璐珞、硝化棉及其制品等在积热不散时，都容易自燃起火。

2）自燃物品的特性。其一自燃物品大部分性质非常活泼，具有极强的还原性，接触空气中的氧时会产生大量的热，达到自燃点而燃烧、爆炸；其二遇湿易燃易爆性。

有些自燃物品遇火或受潮后能分解引起自燃或爆炸。例如：连二亚硫酸钠，遇水能发热引起冒黄烟燃烧甚至爆炸。

3）遇湿易燃物品的特性。其一有些遇湿燃烧物质在与水化合的同时会放出氢气和热量，由于自燃或外来火源作用能引起氢气的着火或爆炸；其二有些遇湿燃烧物质与水化合时，生成碳氢化合物，由于反应热或外来火源作用，造成碳氢化合物着火爆炸。具有这种性质的遇水燃烧物质主要有金属碳化合物以及有机金属化合物；其三有些遇水燃烧物质与水化合时，生成磷化氢、氰化氢、硫化氢和四氢化硅等，由于自燃和火源作用会造成火灾和爆炸；其四大多数遇湿易燃物品都具有毒害性和腐蚀性。

5. 氧化剂和有机过氧化物

（1）氧化剂和有机过氧化物的定义。氧化剂系指处于高氧化态、具有强氧化性、易分解并放出氧和热量的物质。一般来讲，氧化剂是指这样的物质：它从另一种物质中夺得电子，并产生热量。包括含有过氧基的无机物，其本身不一定可燃，但能导致可燃物的燃烧，与松软的粉末可燃物能组成爆炸性混合物，对热、振动或摩擦较敏感。

有机过氧化物系指分子组成中含有过氧基的有机物，其本身易燃易爆，极易分解，对热、振动或摩擦极为敏感。

（2）氧化剂和有机过氧化物的特性。

1）氧化剂遇高温易分解放出氧和热量，极易引起爆炸。特别是过氧化物分子中的过氧基很不稳定，易分解放出原子氧，所以这类物品遇到易燃物品、可燃物品、还原剂，或者自己受热分解都容易引起火灾爆炸危险。

2）许多氧化剂如氯酸盐类、硝酸盐类、有机过氧化物等对摩擦、撞击、振动极为敏感。

3）大多数氧化剂，特别是碱性氧化剂，遇酸反应剧烈，甚至发生爆炸。

4）有些氧化剂特别是活泼金属的过氧化物，遇水分解放出氧气和热量，有助燃作用，使可燃物燃烧，甚至爆炸。

5）有些氧化剂具有不同程度的毒性和腐蚀性。如铬酸酐、重铬酸盐等，既有毒性，又会灼伤皮肤。

6. 有毒品

（1）有毒品的定义。有毒化学品系指进入肌体后，累积达一定的量，能与液体和器官组织发生生物化学作用或生物物理学作用，扰乱或破坏肌体的正常生理功能，引起某些器官和系统暂时性或持久性的病理改变，甚至危及生命的物品。

具体指标：

经口摄取半数致死量：固体 $LD_{50} \leqslant 500$ mg/kg

液体 $LD_{50} \leqslant 2\,000$ mg/kg

经皮肤接触 24 h，半数致死量 $LD_{50} \leqslant 1\,000$ mg/kg

粉尘，烟雾及蒸气吸入半数致死量 $LC_{50} \leqslant 10$ mg/L 的固体或液体。

（2）有毒品的特性。有毒品的主要特性是具有毒性。少量进入人、畜体内即能引起中毒，不但口服会中毒，吸入其蒸汽也会中毒，有的还能通过皮肤吸收引起中毒。这类物品遇酸、受热会发生分解，放出有毒气体或烟雾从而引起中毒。

7. 放射性物品

（1）放射性物品的定义。物质能从原子核内部自行不断地放出具有穿透力、为人们不可见的射线（高速粒子）的性质，称为放射性，具有放射性的物质称为放射性物品。

放射性物品的安全管理不适用《条例》，目前由环境保护部门负责管理。

（2）放射性物品的特性。

1）具有放射性。放射性物品能自发、不断地放出人们感觉器官不能觉察到的射线，放出的射线有 α 射线、β 射线、γ 射线和中子流。如果这些射线从人体外部照射或进入人体内，并达到一定剂量时，对人体的危害极大，易使人患放射病，甚至死亡。

2）许多放射性物品毒性很大，如钋、镭、钍等都是剧毒的放射性物品；钴－60 等为高毒的放射性物品，均应注意。

3）易燃性。放射性物品多数具有易燃性，且有的燃烧十分强烈，甚至引起爆炸。如独居石、金属钍、粉状金属铀等。

8. 腐蚀品

（1）腐蚀品的定义。本类化学品系指能灼伤人体组织并对金属等物品造成损坏的固体或液体。与皮肤接触在 4 h 内出现可见坏死现象，或温度在 55℃时，对 20 号钢的表面均匀年腐蚀率超过 6.25 mm/年的固体或液体。

（2）腐蚀品的特性。

1）强烈的腐蚀性。腐蚀品具有强烈的腐蚀性，能腐蚀人体、金属、有机物和建筑物。其基本原因是这类物品具有或酸性、或碱性、或氧化性、或吸水性等。

2）强氧化性。部分无机酸性腐蚀品，如浓硝酸、浓硫酸、高氯酸等具有强的氧化性，遇到有机物如食糖、稻草、木屑、松节油等容易因氧化发热而引起燃烧，甚至爆炸。

3）毒害性。多数腐蚀品有不同程度的毒性，有的还是剧毒品，如氢氟酸、溴素、五溴化磷等。

4）易燃性。部分有机腐蚀品遇明火易燃烧，如冰醋酸、醋酸酐、苯酚等。

## 第三节 危险化学品的标志

> **要点掌握：**
> 什么是危险化学品的标志？

国家标准《常用危险化学品的分类及标志》（GB 13690—1992）中，定义危险化学品标志是通过图案、文字说明、颜色等信息鲜明、简洁地表征危险化学品特性和类别，向作业人员传递安全信息的警示性资料。

### 一、危险化学品标志

根据常用危险化学品的危险特性和类别，它们的标志设主标志 16 种和副标志 11 种。图 2—1 所示为我国危险化学品的主安全标志和图 2—2 所示为我国危险化学品的副安全标志。

底色：橙红色
图形：正在爆炸的炸弹（黑色）
文字：黑色

标志1 爆炸品标志

底色：正红色
图形：火焰（黑色或白色）
文字：黑色或白色

标志2 易燃气体标志

底色：绿色
图形：气瓶（黑色或白色）
文字：黑色或白色

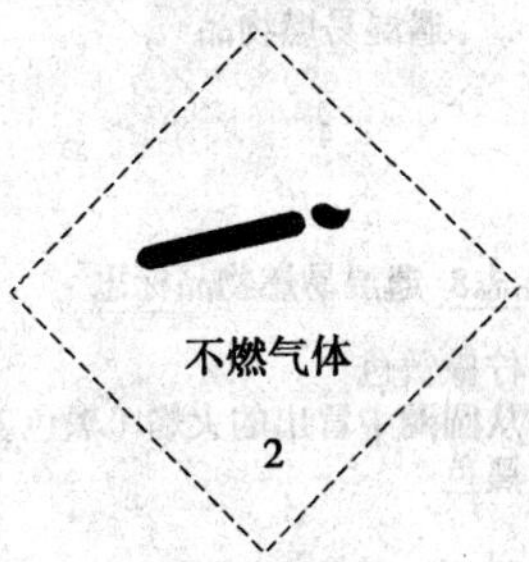


标志3 不燃气体标志

底色：白色
图形：骷髅头和交叉骨形（黑色）
文字：黑色

标志4 有毒气体标志

底色：红色
图形：火焰（黑色或白色）
文字：黑色或白色

标志5 易燃液体标志

底色：红白相间的垂直宽条（红7，白6）
图形：火焰（黑色）
文字：黑色

标志6 易燃固体标志

底色：上半部白色，下半部红色
图形：火焰（黑色）
文字：黑色

标志7 自燃物品标志

底色：蓝色
图形：火焰（黑色或白色）
文字：黑色或白色

标志8 遇湿易燃物品标志

底色：柠檬黄色
图形：从圆圈中冒出的火焰（黑色）
文字：黑色

标志9 氧化剂标志

底色：柠檬黄色
图形：从圆圈中冒出的火焰（黑色）
文字：黑色

标志10 有机过氧化物标志

底色：白色
图形：骷髅头和交叉骨形（黑色）
文字：黑色

标志11 有毒品标志

底色：白色
图形：骷髅头和交叉骨形（黑色）
文字：黑色

标志12 剧毒品标志

底色：白色
图形：上半部三叶形（黑色）
下半部一条垂直的红色宽条
文字：黑色

标志13 一级放射性物品标志

底色：上半部黄色，下半部白色
图形：上半部三叶形（黑色）
下半部两条垂直的红色宽条
文字：黑色

标志14 二级放射性物品标志

底色：上半部黄色，下半部白色
图形：上半部三叶形（黑色）
下半部三条垂直的红色宽条
文字：黑色

标志15 三级放射性物品标志

底色：上半部白色，下半部黑色
图形：上半部两个试管中液体分别向金属板和手上滴落（黑色）
文字：（下半部）白色

标志16 腐蚀品标志

图2—1 我国危险化学品的主安全标志

底色：橙红色
图形：正在爆炸的炸弹（黑色）
文字：黑色

标志17 爆炸品标志

底色：红色
图形：火焰（黑色）
文字：黑色或白色

标志18 易燃气体标志

底色：绿色
图形：气瓶（黑色或白色）
文字：黑色

标志19 不燃气体标志

底色：白色
图形：骷髅头和交叉骨形（黑色）
文字：黑色

标志20 有毒气体标志

底色：红色
图形：火焰（黑色）
文字：黑色

标志21 易燃液体标志

底色：红白相间的垂直宽条（红7，白6）
图形：火焰（黑色）
文字：黑色

标志22 易燃固体标志

底色：上半部白色，下半部红色
图形：火焰（黑色）
文字：黑色

标志23 自燃物品标志

底色：蓝色
图形：火焰（黑色）
文字：黑色或白色

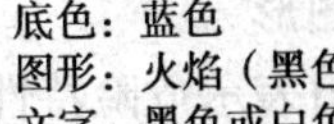

标志24 遇湿易燃物品标志

底色：柠檬黄色
图形：从圆圈中冒出的火焰（黑色）
文字：黑色

标志25 氧化剂标志

底色：白色
图形：骷髅头和交叉骨形（黑色）
文字：黑色

标志26 有毒品标志

底色：上半部白色，下半部黑色
图形：上半部两个试管中液体分别向金属板和手上滴（黑色）
文字：（下半部）白色

标志27 腐蚀品标志

图 2—2 我国危险化学品的副安全标志

**二、标志的图形**

主标志图形由表示危险特性的图案、文字说明、底色和危险品类别号四个部分组成的菱形标志。副标志图形中没有危险品类别号。

**三、标志的尺寸、颜色及印刷**

按GB 190的有关规定执行。

**四、标志的使用原则**

当一种危险化学品具有一种以上的危险性时，应用主标志表示主要危险性类别，并用副标志来表示重要的其他的危险性类别。

**要点掌握：**

1. 什么是危险化学品的安全标签？
2. 危险化学品的安全标签主要内容是什么？

## 第四节　危险化学品的安全标签

《条例》规定生产危险化学品的，应附有与危险化学品完全一致的化学品安全技术说明书，并在包装（包括外包装件）上加贴或者拴挂与包装内危险化学品完全一致的化学品安全标签。

**一、危险化学品安全标签的定义**

危险化学品安全标签用文字、图形符号和编码的组合形式表示危险化学品所具有的危险性和安全注意事项。图2—3所示为危险化学品安全标签样例。

**二、危险化学品安全标签的内容**

1. 化学品和其主要有害组分标识

（1）名称。用中文和英文分别标明化学品的通用名称。名称要求醒目清晰，位于标签的正上方。

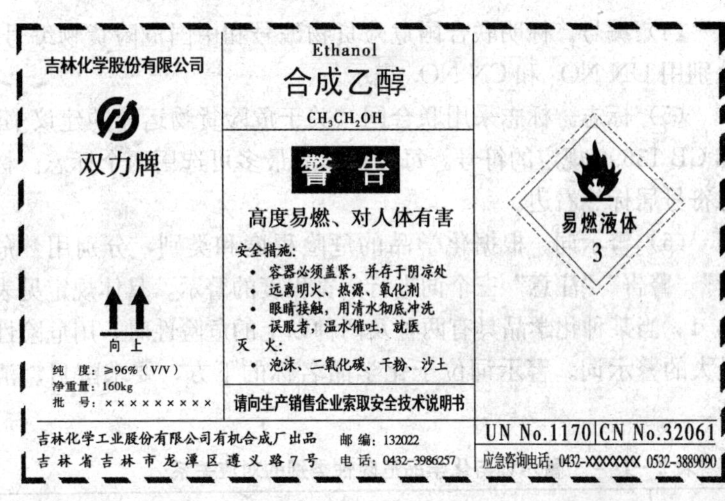


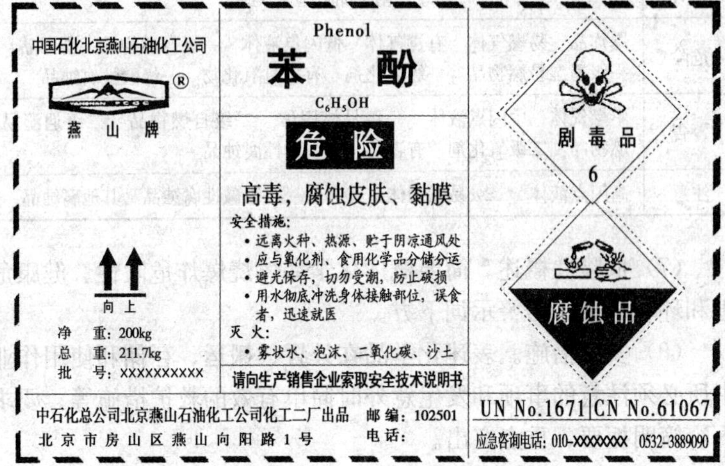


图 2—3 危险化学品安全标签样例

（2）化学式。用元素符号和数字表示分子中各原子数，居名称的下方。若是混合物此项可略。

（3）化学成分及组成。标出化学品的主要成分和含有的有害组分含量或浓度。

（4）编号。标明联合国危险货物编号和中国危险货物编号，分别用 UN NO. 和 CN NO. 表示。

（5）标志。标志采用联合国《关于危险货物运输的建议书》和 GB 13690 规定的符号。每种化学品最多可选用两个标志。标志符号居标签右边。

（6）警示词。根据化学品的危险程度和类别，分别用“危险”“警告”“注意”三个词进行危害程度的警示。具体规定见表 2—1。当某种化学品具有两种及两种以上的危险性时，用危险性最大的警示词。警示词位于化学品名称的下方，要求醒目、清晰。

**表 2—1　　警示词与化学品危险性类别的对应关系**

| 警示词 | 化学品危险性类别 |
| --- | --- |
| 危险 | 爆炸品　易燃气体　有毒气体　低闪点液体　一级自燃物品　剧毒品　一级遇湿易燃物品　一级氧化剂　有机过氧化物　一级酸性腐蚀品 |
| 警告 | 不燃气体　中闪点液体　一级易燃固体　二级自燃物品　二级遇湿易燃物品　二级氧化剂　有毒品　二级酸性腐蚀品 |
| 注意 | 高闪点液体　二级易燃固体　有害品　二级碱性腐蚀品　其他腐蚀品 |

（7）危险性概述。简要概述化学品燃烧爆炸危险性、健康危害和环境危害。居警示词下方。

（8）安全措施。表述化学品在处置、搬运、存储和使用作业中所必须注意的事项和发生意外时简单有效的救护措施等。要求内容简明扼要、重点突出。

（9）灭火。化学品为易（可）燃或助燃物质，应提示有效的灭火剂和禁用的灭火剂以及灭火注意事项。

（10）批号。注明生产日期及生产班次。

（11）提示向生产销售企业索取安全技术说明书。

（12）生产企业名称、地址、邮编、电话。

（13）应急咨询电话。填写化学品生产企业的应急咨询电话和国家化学事故应急咨询电话。

2. 标签使用注意事项

（1）标签的粘贴、挂栓、喷印应牢固，保证在运输、储存期间不脱落、不损坏。

（2）标签应由生产企业在货物出厂前粘贴、挂栓、喷印。若要改换包装，则由改换包装单位重新粘贴、挂栓、喷印标签。

（3）盛装危险化学品的容器或包装，在经过处理并确认其危险性完全消除之后，方可撕下标签，否则不能撕下相应的标签。

## 第五节　危险化学品的安全技术说明书

**要点掌握：**

危险化学品安全技术说明书内容有哪些？

### 一、危险化学品安全技术说明书的定义

危险化学品安全技术说明书是一份关于危险化学品燃爆、毒性和环境危害以及安全使用、泄漏应急处理、主要理化参数、法律法规等方面信息的综合性文件。

化学品安全技术说明书，在国际上被称做化学品安全信息卡，简称 MSDS 或 CSDS。

### 二、危险化学品安全技术说明书的主要作用

1. 是化学品安全生产、安全流通、安全使用的指导性文件。

2. 是应急作业人员进行应急作业时的技术指南。

3. 为制订危险化学品安全操作规程提供技术信息。

4. 是企业进行安全教育的主要内容。

### 三、危险化学品安全技术说明书的内容

危险化学品安全技术说明书包括以下十六部分的内容：

1. 化学品及企业标识

主要标明化学品名称、生产企业名称、地址、邮编、电话、应急电话、传真等信息。

2. 成分/组成信息

标明该化学品是纯化学品还是混合物，如果其中含有有害性组分，则应给出化学文摘索引登记号（CAS 号）。

3. 危险性概述

简述本化学品最重要的危害和效应，主要包括：危险类别、侵入途径、健康危害、环境危害、燃爆危险等信息。

4. 急救措施

主要是指作业人员受到意外伤害时，所需采取的现场自救或互救的简要的处理方法，包括：眼睛接触、皮肤接触、吸入、食入的急救措施。

5. 消防措施

主要表示化学品的物理和化学特殊危险性，合适的灭火介质，不合适的灭火介质以及消防人员个体防护等方面的信息，包括：危险特性、灭火介质和方法，灭火注意事项等。

6. 泄漏应急处理

指化学品泄漏后现场可采用的简单有效的应急措施和消除方法、注意事项和消除方法，包括：应急行动、应急人员防护、环保措施、消除方法等内容。

7. 操作处置与储存

主要是指化学品操作处理和安全储存方面的信息资料，包括：操作处置作业中的安全注意事项、安全储存条件和注意事项。

8. 接触控制/个体防护

主要指为保护作业人员免受化学品危害而采用的防护方法和手段，包括：最高允许浓度、工程控制、呼吸系统防护、眼睛防护、身体防护、手防护、其他防护要求。

9. 理化特性

主要描述化学品的外观及主要理化性质。

10. 稳定性和反应性

主要叙述化学品的稳定性和反应活性方面的信息。

11. 毒理学资料

主要是指化学品的毒性、刺激性、致癌性等。

12. 生态学资料

主要叙述化学品的环境生态效应、行为和转归。

13. 废弃处理

包括危险化学品的安全处理方法和注意事项。

14. 运输信息

主要是指国内、国际化学品包装、运输的要求及规定的分类和编号。

15. 法规信息

主要指化学品管理方面的法律条款和标准。

16. 其他信息

主要提供其他对安全有重要意义的信息，如填表时间、数据审核单位等。

**四、使用要求**

1. 安全技术说明书由化学品的生产供应企业编印，在交付商品时提供给用户，作为提供给用户的一种服务，随商品在市场上流通。

2. 危险化学品的用户在接收使用化学品时，要认真阅读安全技术说明书，了解和掌握其危险性。

3. 根据危险化学品的危险性，结合使用情形，制订安全操作规程，培训作业人员。

4. 按照安全技术说明书，制定安全防护措施。

5. 按照安全技术说明书制定急救措施。

6. 安全技术说明书的内容，每五年要更新一次。

## 五、液化石油气的安全技术说明书样张

第一部分　化学品及企业标识

化学品中文名　液化石油气；压缩石油气

化学品英文名　liquefied petroleum gas;

Compressed petroleum gas；LPG

第二部分　成分/组成信息

纯品　√混合物

| 液化石油气 | CAS | No. 68476—85—7 |
|---|---|---|
| 有害物成分 | 浓度 | CAS No. |
| 丙烷 | ＞85％ | 74—98—6 |
| 丙烯 | | 115—07—1 |
| 丙烷 | | 106—97—8 |
| 丙烷 | | 106—98—9 |

第三部分　危险性概述

危险性类别　第 2.1 类　易燃气体

侵入途径　吸入

健康危害　本品有麻醉作用。急性液化轻度中毒主要表现为头昏、头痛、咳嗽、食欲减退、乏力、失眠等；重者失去知觉、小便失禁、呼吸浅变慢

皮肤接触　液态本品，可引起冻伤

环境危害　对环境有害

燃爆危险　易燃，与空气混合能形成爆炸性混合物

第四部分　急救措施

皮肤接触　如果发生冻伤：将患部浸泡于保持在 38～42℃的温水中复温。不要涂擦。不要使用热水或辐射热。使用清洁、干燥的敷料包扎。就医

眼睛接触　提起眼睑，用流动清水或生理盐水冲洗。如有不适感，就医

吸入　迅速脱离现场至空气新鲜处。保持呼吸道通畅。如呼

吸困难，给输氧。呼吸、心跳停止，立即进行心肺复苏术。就医

食入　不会通过该途径接触

## 第五部分　消防措施

危险特性　极易燃，与空气混合能形成爆炸性混合物。遇热源或明火有爆炸的危险。与氢、氯等接触会发生剧烈的化学反应。蒸汽比空气重，沿地面扩散并易积存于低洼处，遇火源会着火回燃

有害燃烧产物　一氧化碳

灭火方法　用雾状水、泡沫、二氧化碳灭火

灭火注意事项及措施　切断气源。若不能切断气源，则不允许熄灭泄漏处的火焰。消防人员必须佩戴空气呼吸器、穿全身防火防毒服，在上风向灭火。尽可能将容器从火场移至空旷处。喷水保持火场容器冷却，直至灭火结束

## 第六部分　泄漏应急处理

应急行动　消除所有点火源。根据液体流动和蒸气扩散的影响区域划定警戒区，无关人员从侧风、上风向撤离至安全区。建议应急处理人员戴正压自给式呼吸器，穿防毒、防静电服，戴橡胶耐油手套。作业时使用的所有设备应接地。禁止接触或跨越泄漏物。尽可能切断泄漏源。若可能翻转容器使之逸出气体而非液体。喷雾状水抵制蒸汽或改变蒸汽云流向，避免水流接触泄漏源。防止气体通过下水道、通风系统和限制性空间扩散。隔离泄漏区直到气体散尽

## 第七部分　操作处置与储存

操作注意事项　密闭操作，提供良好的自然通风条件。操作人员必须经过专门培训，严格遵守操作规程。建议操作人员佩戴过滤式防毒面具（半面罩），穿防静电工作服。远离火种、热源。工作场所勿吸烟。使用防爆型的通风系统和设备。防止气体泄漏到工作场所空气中。避免与氧化剂、卤素互相接触。在传送过程中，钢瓶和窗口必须接地和跨接，防止产生静电。搬运时轻装轻

卸，防止钢瓶及附件破损。配备相应品种和数量的消防器材及泄漏应急处理设备

储存注意事项 储存于阴凉、通风的易燃气体专用库房。远离火种、热源。库温不宜超过 30℃。应与氧化剂、卤素分开存入，切忌混储。采用防爆型照明、通风设施。禁止使用易产生火花的机械设备和工具。储区应备有泄漏应急处理设备

## 第八部分 接触控制/个体防护

职业接触限值

中国 PC－TWA（$mg/m^3$）：1 000；

PC－STEL（$mg/m^3$）：1 500

美国（ACGIH）TLV－TWA：1 000 ppm

监测方法 直接进样——气相色谱法

工程控制 生产过程密闭，全面通风。提供良好的自然通风条件

呼吸系统防护 高浓度环境中，建议佩戴过滤式防毒面具（半面罩）

眼睛防护 一般不需要特殊防护，高浓度接触时可戴化学安全防护眼镜

身体防护 穿防静电工作服

手防护 戴一般作业防护手套

其他防护 工作现场严禁吸烟。避免高浓度吸入。进入限制性空间或其他高浓度区作业，须有人监护

## 第九部分 理化特性

外观与性状 由炼厂气加压液化得到的一种无色挥发性液体，有特殊臭味

pH 值无意义 熔点（℃） －160～－107

沸点（℃）－12～4

相对密度（水＝1） 0.5～0.6

相对蒸汽密度（空气＝1）1.5～2.0

饱和蒸汽压（kPa）　≤1 380 kPa（37.8℃）

临界压力（MPa）　无资料

辛醇/水分配系数　无资料　闪点（℃）　−80～−60

引燃温度（℃）426～537　爆炸下限（%）2.3

爆炸上限（%）9.5

溶解性　微溶于水

主要用途　主要用作民用燃料、发动机燃料、制氢原料、加热炉燃料以及打火面的气体燃料等，可用作石油化工的原料

## 第十部分　稳定性和反应性

稳定性　稳定

禁配物　强氧化剂、氟、氯卤素等

避免接触的条件　无资料

聚合危害　不聚合　分解产物　无资料

## 第十一部分　毒理学资料

急性毒性　$LC_{50}$：丁烷：658 000 mg/$m^3$（大鼠吸入，4 h）

刺激性　无资料

致癌性　组分丙烯：IARC：G3，对人及动物致癌性证据不足

## 第十二部分　生态学资料

生态毒性　无资料

非生物降解性　无资料

其他有害作用　该物质对环境有危害，应特别注意对地表水、土壤、大气和饮用水的污染

## 第十三部分　废弃处理

废弃物性质　危险废物

废弃处置方法　建议用焚烧法处置

废弃注意事项　处置前应参阅国家和地方有关法规

## 第十四部分　运输信息

危险货物编号　21053　铁危编号　21053

UN 编号 1075 包装类别 Ⅱ类包装

包装标志 易燃气体；有毒气体

包装方法 钢质气瓶

运输注意事项 本品铁路运输时限使用耐压液化气企业自备罐车装运，装运前需报有关部门批准。装有液化石油气的气瓶（即石油气的气瓶）禁止铁路运输。采用钢瓶运输时必须戴好钢瓶的安全帽。钢瓶一般平放，并应将瓶口朝同一方向，不可交叉；高度不得超过车辆的防护栏板，并用三角木垫卡牢，防止滚动。运输时运输车辆应配备相应品种和数量的消防器材。装运该物品的车辆排气必须配备阻水装置，禁止使用易产生火花的机构设备和工具装卸。严禁与氧化剂、卤素等混装混运。夏季应早晚运输，防止日光曝晒。中途停留时应远离火种、热源。公路运输时要按规定路线行驶，切勿在居民区和人口稠密区停留。铁路运输时要禁止溜放

## 第十五部分 法规信息

《中华人民共和国安全生产法》（2002 年 6 月 29 日第九届全国人大常委会第二十八次会议通过）；《中华人民共和国职业病防治法》（2001 年 10 月 27 日第九届全国人大常委会第十一次会议通过）；《危险化学品安全管理条例》（2002 年 1 月 9 日国务院第 52 次常务会议通过）；《安全生产许可证条例》（2004 年 1 月 7 日国务院第 34 次常务会议通过）；《常用危险化学品的分类及标志》（GB 13690—92）；《工作场所有害因素职业接触限值》（GBZ2. 1—2007）；危险化学品名录

## 第十六部分 其他信息

填表时间 填表部门

数据审核单位 修改说明

# 第三章　防火防爆及电气安全技术

**学习目标：**

1. 熟悉防火防爆安全技术知识。
2. 熟悉电气安全技术知识。
3. 掌握危险场所的电气安全技术知识。
4. 熟悉静电产生及控制方法。
5. 了解雷电危害及防范知识。

## 第一节　燃烧与爆炸

**要点掌握：**

1. 什么叫燃烧？燃烧有哪三个条件？
2. 引燃源分为几种？
3. 什么叫爆炸和爆炸极限？

### 一、防火知识

1. 燃烧的含义

燃烧是可燃物与助燃物（氧或氧化剂）发生的一种发光发热的化学反应，是在单位时间内产生的热量大于消耗热量的反应。燃烧过程有两个特征：一是有新的物质产生，即燃烧是化学反应；二是燃烧过程中伴随有发光发热现象。

2. 燃烧的条件

燃烧必须同时具备下列三个条件：

（1）有可燃性的物质，如木材、乙醇、甲烷、乙烯等；

（2）有助燃性物质，常见的为空气和氧气；

（3）有能导致燃烧的能源，即点火源，如撞击、摩擦、明火、电火花、高温物体、光和射线等。

可燃物、助燃物和点火源构成燃烧的三要素，缺少其中任何一个燃烧便不能发生。上述三个条件同时存在也不一定会发生燃烧，只有当三个条件同时存在，且都具有一定的"量"，并彼此作用时，才会发生燃烧。对于已经进行着的燃烧，若消除其中任何一个条件，燃烧便会终止，这就是灭火的基本原理。

3. 燃烧的种类

（1）闪燃。各种液体的表面都有一定量的蒸汽存在，蒸汽的浓度取决于该液体的温度。闪燃是在液体表面能产生足够的可燃蒸汽，遇火能产生一闪即灭的燃烧现象。引起闪燃时的最低温度叫做闪点。闪点这个概念主要适用于可燃性液体，某些固体如樟脑和萘等，也能在室温下挥发或缓慢蒸发，因此也有闪点。在闪点的温度下，液体蒸发产生的蒸汽还不多，所以闪烁一下就灭了。但闪燃往往是着火的先兆，当可燃液体温度高于其闪点时，随时都有被火点燃的危险。

**真实案例：**

某年9月19日1：00左右，湖北某化工集团公司的东风汽车满载45桶黄磷由宜昌方向行驶至宜秭线喇天吼电站附近发生交通事故，致使黄磷燃烧发生爆炸。其原因是发生事故后有一桶黄磷因落地被撞破，桶内水流尽后于3：00左右发生黄磷自燃，引起大火。

（2）自燃。自燃是可燃物质自发的着火燃烧，通常是由缓慢的氧化作用而引起，即物质在无外部火源的条件下，在常温中自行发热，由于散热受到阻碍，使热量积蓄逐渐达到自燃点而引起的燃烧。自燃又可以分为受热自燃和自热自燃两种。可燃物质在外部热源作用下，使温度升高，当达到其自燃点时，即着火燃烧，这种现象称为受热自燃。在工业生产中，可燃物由于接触高温表面、加热或烘烤过度、冲击摩擦等，均可导致的自燃就属于受热自燃。而自热燃烧是指某些物质在没有外来热源影响下，由于物质内部所发生的化学、物理或生化过程而产生热量，这些热量在适当条件下会逐渐积聚，导致温度上升，达到自燃点而燃烧。造成自热燃烧的原因有氧化热、分解热、聚合热、发酵热等。自热燃烧的物质常见的有：自燃点低的物质，如磷、磷化氢；遇空气、氧气发热自燃的物质，如油脂类、锌粉、铝粉、金属硫化物、活性炭；自然分解发热的物质，如硝化棉；易产生聚合热或发酵热的物质，如植物类产品、湿木屑等。

自热自燃和受热自燃都是在不接触明火的情况下“自动”发生的燃烧。它们的区别在于热的来源不同。引起自热自燃的热来源于物质本身的热效应，而引起受热自燃的热来自于外部的热源，因此它们的起火特点也不同。一般说来，自热自燃大都从内向外延烧，而受热自燃往往从外向内延烧。

在规定的试验条件下，可燃物质产生自燃的最低温度叫自燃点。国家标准《可燃液体和气体引燃温度试验方法》（GB 5332—85）规定了可燃液体和气体引燃温度（自燃点）的试验方法。

（3）点燃。点燃亦称强制着火，即可燃物质与明火直接接触引起燃烧，在火源移去后仍能维持燃烧的现象。物质被点燃后，先是局部被强烈加热，然后达到引燃温度产生火焰，该局部燃烧产生的热量，足以把邻近部分加热到引燃温度，燃烧就得以蔓延开去。

点燃与自燃的差别在于：自燃时可燃物整体温度较高，反应与燃烧是在整个可燃物或相当大的范围内同时发生的。而在点燃时，可燃物整体温度较低，只在火源局部加热处燃烧，然后向可燃物其他部分传播。

可燃物质在空气充足条件下，达到一定温度时与火源接触即行着火（出现火焰或灼热发光），并在移去火源之后能继续燃烧的最低温度称为该物质的燃点或着火点。易燃液体的燃点约高于其闪点1～5℃。

4. 引燃源

**真实案例：**

1973年10月，日本新越化学工业公司直津江化工厂氯乙烯单体生产装置发生了一起重大爆炸火灾事故，伤亡24人。其原因是生产装置正处于检修状态，工人要检修氯乙烯单体过滤器，引入口阀门关闭不严，单体由储罐流入过滤器，无法进行检修，又用扳手去关阀门，因用力过大，阀门支撑筋被拧断。4 t氯乙烯单体从贮罐经过过滤器开口处全部喷出，弥漫12 000 $m^2$的厂区，值班班长在切断电源时产生火花引起爆炸。

能够引起可燃物燃烧的热能源叫引燃源。主要的引燃源有以下几种：

(1) 明火。有生产性用火，如乙炔火焰等，有非生产性用火，如烟头火、油灯火等。明火是最常见而且是比较强的着火源，它可以点燃任何可燃性物质。

(2) 电火花。包括电气设备运行中产生的火花，短路火花以及静电放电火花和雷击火花。随着电气设备的广泛使用和操作过程的连续化，这种火源引起的火灾所占的比例越来越大。如加压气体在高压泄漏时会产生静电火花，人体静电放电产生静电火花。液体燃料流动时的静电着火，加注燃料时的摩擦、由于燃料和输油管道、容器以及其他注油工具的互相摩擦，能产生大量的静电荷，注油的速度越快，产生的静电越多。在采用明流加油时，由于油流和空气或油气混合气的互相摩擦以及飞溅的液滴和油气之间的摩擦，都能产生静电荷。

（3）火星。火星是在铁与铁、铁与石、石与石之间的强烈摩擦、撞击时产生的，是机械能转化为热能的一种现象。这种火星的温度一般有 1 200℃左右，可以引起很多物质的燃烧。

（4）灼热体。灼热体是指受高温作用，由于蓄热而具有较高温度的物体。灼热体与可燃物质接触引起的着火有快有慢，这主要是决定于灼热体所带的热量和物质的易燃性、状态，其点燃过程是从一点开始扩及全面的。

（5）聚集的日光。指太阳光、凸玻璃聚光热等。这种热能只要具有足够的温度就能点燃可燃物质。

（6）化学反应热和生物热。指由于化学变化或生物作用产生的热能。这种热能如不及时散发掉就会引起着火甚至燃烧爆炸。

5. 燃烧产物

（1）燃烧产物。燃烧产物是指由燃烧或热解作用而产生的全部物质，也就是说可燃物质燃烧时，生成的气体、固体和蒸汽等物质均为燃烧产物。

燃烧产物按其燃烧的完全程度分为完全燃烧产物和不完全燃烧产物。物质燃烧后产生不能继续燃烧的新物质（如 $CO_2$、$SO_2$、水蒸气等），这种燃烧叫做完全燃烧，其产物为完全燃烧产物；物质燃烧后产生还能继续燃烧的新物质（如 CO、未燃尽的碳、甲醇、丙酮等），则叫做不完全燃烧，其产物为不完全燃烧产物。燃烧的完全还是不完全，与氧化剂的供给程度以及其他燃烧条件有直接关系。燃烧产物的成分是由可燃物的组成及燃烧条件所决定的。无机可燃物大多数为单质，其燃烧产物的组成较为简单，主要是它的氧化物，如 CaO、$H_2O$、$SO_2$ 等。有机可燃物的主要组成为碳（C）、氢（H）、氧（O）、硫（S）、磷（P）和氮（N），完全燃烧时主要生成二氧化碳（$CO_2$）、水（$H_2O$）、二氧化硫（$SO_2$）和五氧化二磷（$P_2O_5$）。如果空气不足或温度较低，则会发生不完全燃烧，不完全燃烧不仅会产生上述完全燃烧产物，同时还会生成一氧化碳（CO）、酮类、醛类、醇类、酚类、醚类等。

（2）燃烧产物的危害。二氧化碳（$CO_2$）是窒息性气体；一氧化碳（CO）是有强烈毒性的可燃气体；二氧化硫（$SO_2$）有毒，是大气污染中危害较大的一种气体，它严重伤害植物，刺激人的呼吸道，腐蚀金属等；一氧化氮（NO）、二氧化氮（$NO_2$）等都是有毒气体，对人存在不同程度的危害，甚至会危及生命。烟灰是不完全燃烧产物，由悬浮在空气中未燃尽的细碳粒及其分解产物构成。烟雾是由悬浮在空气中的微小液滴形成，两者都会污染环境，对人体有害。

## 二、爆炸知识

### 1. 爆炸的含义

爆炸是物质的一种急剧的物理、化学变化。在变化过程中伴有物质所含能量的快速释放，变为对物质本身、变化产物或周围介质的压缩能或运动能。爆炸时物质压力急剧升高。

一般说来，爆炸具有以下特征：

（1）爆炸过程进行得很快；

（2）爆炸点附近压力急剧升高，这是爆炸最主要的特征；

（3）发出或大或小的声音；

（4）周围介质发生振动或邻近物质遭到破坏。

### 2. 爆炸的分类

按爆炸的能量来源可分为物理爆炸、化学爆炸和核爆炸。

（1）物理爆炸。物理爆炸是由物理变化引起的爆炸，在爆炸现象发生的过程中，造成爆炸发生的介质的化学性质及化学成分不发生变化，发生变化的仅仅是该介质的状态参数（如温度、压力、体积）。如蒸汽锅炉爆炸或液化气压缩气超压引起的钢瓶爆炸。

（2）化学爆炸。化学爆炸是由于物质发生极迅速的化学反应，产生高温、高压而引起的爆炸。如可燃气体、蒸汽的爆炸，以及炸药的爆炸。化学爆炸前后物质的性质和成分均发生了根本的变化，这种爆炸能直接造成火灾，具有很大的火灾危险性。化学爆炸按爆炸时所发生的化学变化的形式又可分为三类：

1）简单分解爆炸的爆炸物在爆炸时并不一定发生燃烧反应，爆炸所需的热力是由于爆炸物质本身分解时产生的，如乙炔银、乙炔铜、叠氮铅等。这类物质受振动即可引起爆炸，是较危险的。

2）复杂分解爆炸时伴有燃烧现象，燃烧所需的氧是由爆炸的本身分解产生的，如 TNT 炸药、硝化棉及烟花爆竹的爆炸就属于这一类爆炸。其爆炸危险性较简单分解爆炸物稍低。

3）爆炸性混合物爆炸。所有可燃气体、蒸汽或可燃粉尘与空气（或氧气）组成的混合物均属于此类，其危险性相对较低，但很普遍，石油化工企业中发生的爆炸多属于此类。

（3）核爆炸。由原子核分裂或热核的反应引起的爆炸叫核爆炸。核爆炸时可形成数百万度到数千万度的高温，在爆炸中心可形成数百万大气压的高压，同时发出很强的光和热辐射。因此核爆炸比化学爆炸具有更大的破坏力，如原子弹、氢弹的爆炸就属于此类爆炸。

3. 爆炸极限

（1）爆炸极限的意义。可燃物进入空气中，与空气混合达到一定浓度时，在点火源的作用下会发生爆炸。这种可燃物质在空气中形成爆炸混合物的最低浓度叫爆炸下限，最高浓度叫爆炸上限。气体混合物的爆炸极限一般用可燃气体或可燃蒸汽在混合物中的体积分数表示。浓度在爆炸上限和爆炸下限之间，都能发生爆炸。这个浓度范围叫该物质的爆炸极限。如一氧化碳的爆炸极限是 12.5%～74.5%。一氧化碳在空气中的浓度小于 12.5%时，用火去点，这种混合物不燃烧也不爆炸；当一氧化碳在空气中的浓度达到12.5%时，混合物遇点火源能轻度爆炸；当空气中的一氧化碳浓度稍高于29.5%时，接触火源会发生威力很大的爆炸；当一氧化碳浓度达到74.5%，爆炸现象与浓度为12.5%时差不多；浓度超过74.5%时，遇火源则不燃烧、不爆炸。表3—1是一些常见可燃气体或可燃蒸气的爆炸极限。

**表3—1　一些常见物质在空气中的爆炸极限**

| 物质 | 爆炸下限 | 爆炸上限 |
|---|---|---|
| 一氧化碳 | 12.5% | 74.5% |
| 氢气 | 4.1% | 75.0% |
| 甲烷 | 4.9% | 15.0% |
| 天然气 | 4.0% | 16.0% |
| 氨 | 15.7% | 27.4% |
| 乙烯 | 2.7% | 36.0% |
| 乙炔 | 2.1% | 80.0% |
| 苯 | 1.2% | 8.0% |
| 二硫化碳 | 1.0% | 60.0% |
| 硫化氢 | 4.0% | 46.0% |
| 甲醇 | 5.5% | 44.0% |

（2）爆炸极限的影响因素。各种不同的可燃气体和可燃液体蒸汽，由于它们的理化性质的不同，因而具有不同的爆炸极限。一种可燃气体或可燃液体蒸汽的爆炸极限，也不是固定不变的，它们受温度、压力、氧含量、惰性介质、容器的直径等因素的影响。

1）温度的影响。混合气体的原始温度越高，则爆炸下限降低，上限增高，爆炸极限范围扩大。因为系统温度升高，分子内能增加，使原来不燃的混合物成为可燃、可爆系统。所以，系统温度升高，爆炸危险性增加。

2）氧含量的影响。混合物中含氧量增加，一般对爆炸下限影响不大，因为在下限浓度时氧气对可燃气是过量的。由于在上限浓度时含氧量相对不足，所以增加氧含量会使上限显著增高。

3）惰性介质的影响。如果在爆炸混合物中加入不燃烧的惰性气体（如氮、二氧化碳、水蒸气、氩、氦等），随着惰性气体所占体积分数的增加，爆炸极限范围则缩小，惰性气体的含量提高到一定浓度时，可使混合物不能爆炸。一般情况下，惰性气体对混合物爆炸上限的影响较之对下限的影响更为显著。因为惰性气体浓度加大，表示氧的含量相对减小，而在上限中氧的含量本来已经很小，故惰性气体含量稍为增加一点即产生很大影响，而使爆炸上限大幅下降。

4）原始压力的影响。混合物的原始压力对爆炸极限有很明显的影响，其爆炸极限的变化也比较复杂。一般说来，压力增大，爆炸极限范围也扩大，尤其是爆炸上限显著提高。这是因为系统压力增高，使分子间距更为接近，碰撞概率增高，使燃烧反应更容易进行。压力降低，则爆炸极限范围缩小。当压力降到某值时，则爆炸上限与爆炸下限重合，此时对应的压力称为爆炸的临界压力。

5）容器。充装容器的材质、尺寸等对物质爆炸极限均有影响。实验证明，容器管子直径越小，爆炸极限范围越小。当管径小到一定程度时，火焰因不能通过而被熄灭。关于材料的影响，例如氢和氟在玻璃器皿中混合，甚至放在液态空气温度下于黑暗中也会发生爆炸，而在银制器皿中要到常温下才能发生反应。

6）能源。能源的性质对爆炸极限有很大的影响。如果能源的强度高，热表面的面积就大，火源与混合物的接触时间长，就会使爆炸极限扩大，其爆炸危险性也就增加，如火花的能量、热表面的面积、火源与混合物的接触时间等，对爆炸极限均有影响。

## 第二节 防火防爆的安全措施

**要点掌握：**

1. 火灾事故发展分为几个阶段？
2. 防止爆炸的主要措施有哪些？
3. 防爆泄压装置有哪些作用？
4. 火灾爆炸事故的处置要点有哪些？

### 一、火灾发展的阶段

通过对大量火灾事故的研究分析得出，一般火灾事故的发展过程可分为四个阶段，即初期阶段、发展阶段、猛烈阶段和衰灭阶段。

1. 初期阶段

是指物质在起火后的十几秒钟里，可燃物质在着火源的作用下析出或分解出可燃气体，发生冒烟、阴燃等火灾苗子，燃烧面积不大，用较少的人力和应急的灭火器材就能将火控制住或扑灭。

2. 发展阶段

在这个阶段，火苗窜起，燃烧面积扩大，燃烧速度加快，需要投入较多的力量和灭火器才能将火扑灭。

3. 猛烈阶段

在这个阶段，火焰包围所有可燃物质，使燃烧面积达到最大限度。此时，温度急剧上升，气流加剧，并放出强大的辐射热，是火灾最难扑救的阶段。

4. 衰灭阶段

在这个阶段，可燃物质逐渐烧完或灭火措施奏效，火势逐渐衰落，终止熄灭。

从火势发展的过程来看，初期阶段易于控制和消灭，所以要千方百计抓住这个有利时机，扑灭初期火灾。错过了初期阶段再去扑救，就会付出很大的代价，造成严重的损失和危害。

## 二、火灾与爆炸事故的关系

一般情况下，火灾起火后火势逐渐蔓延扩大，随着时间的增加，损失急剧增加。对于火灾来说，初期的救火尚有意义。而爆炸则是突发性的，在大多数情况下，爆炸过程是在瞬间完成，人员伤亡及物质损失也在瞬间造成。火灾可能引发爆炸，因为火灾中的明火及高温能引起易燃物爆炸。如油库或炸药库失火可能引起密封油桶、炸药的爆炸；一些在常温下不会爆炸的物质，如醋酸，在火场的高温下有变成爆炸物的可能。爆炸也可以引发火灾，爆炸抛出的易燃物可能引起大面积火灾。如密封的燃料油罐爆炸后由于油品的外泄引起火灾。因此，发生火灾时，要防止火灾转化为爆炸；发生爆炸时，又要考虑到引发火灾的可能，及时采取防范抢救措施。

## 三、预防火灾与爆炸事故的基本措施

预防事故发生，限制灾害范围，消灭火灾，撤至安全地方是防火防爆的基本原则。根据火灾、爆炸的原因，一般可以从几下两方面加以预防：

1. 火源的控制与消除

引起火灾的着火源一般有明火、冲击与摩擦、热辐射、高温表面、电气火花、静电火花等，严格控制这类火源的使用范围，对于防火防爆是十分必要的。

（1）明火。主要是指生产过程中的加热用火、维修焊割用火及其他火源，明火是引起火灾与爆炸最常见的原因，一般从以下几方面加以控制：

1）加热用火的控制。加热易燃物料时，要尽量避免采用明火，而采用蒸汽或其他载热体加热。明火加热设备的布置，应远离可能泄漏易燃液体或蒸汽的工艺设备和储罐区，并应布置在其上风向或侧风向。如果存在一个以上的明火设备，应将其集中布置在装置的边缘，并有一定的安全距离。

2）维修焊割用火的控制。焊接切割时，飞散的火花及金属熔融温度高达2 000℃左右，高空作业时飞散距离可达20 m远。此类用火除停工、检修外，还往往被用来处理生产过程中临时堵漏，所以这类作业多为临时性的，容易成为起火原因。因此，使用时必须注意在输送、盛装易燃物料的设备、管道上，或在可燃可爆区域应将系统和环境进行彻底的清洗或清理；动火现场应配备必要的消防器材，并将可燃物品清理干净；气焊作业时，应将乙炔发生器放置在安全地点，以防止爆炸伤人或将易燃物引燃；电焊线破残应及时更换或修理，不得利用与易燃易爆生产设备有关的金属构件作为电焊地线，以防止在电路接触不良的地方产生高温或电火花。

3）其他明火。包括用明火熬炼沥青、石蜡等固体可燃物时，应选择在安全地点进行；禁止在有火灾爆炸危险的场所吸烟；为防止汽车、拖拉机等机动车排气管喷火，可在排气管上安装火星熄灭器、对电瓶车应严禁进入可燃可爆区。

（2）摩擦与冲击。机器中轴承等转动的摩擦、铁器的相互撞击或铁制工具打击混凝土地面等都可能发生火花。因此，对轴承要保持良好的润滑；危险场所要用铜制工具替代铁器；在搬运盛有可燃气体或易燃液体的金属容器时，不要抛掷，要防止互相撞击，以免产生火花。在易燃易爆车间，地面要采用不发火的材质铺成，不准穿带钉子的鞋进入车间。

（3）热辐射。紫外线有促进化学反应的作用。红外线眼睛虽然看不到，但长时间局部加热也会使可燃物起火。直射阳光通过凸透镜、圆形烧瓶会发生聚焦作用，其焦点可成为火源。所以遇阳光曝晒有火灾爆炸危险的物品，应采取避光措施，为避免热辐射，可采用喷水降温，或将门窗玻璃涂上白漆或者采用磨砂玻璃。

(4) 高温表面。要防止易燃物质与高温的设备、管道表面接触。高温物体表面要有隔热保温措施，可燃物料的排放口应远离高温表面，禁止在高温表面烘烤衣物，还要注意经常清洗高温表面的油污，以防止它们分解自燃。

(5) 电气火花。电气火花分高压电的火花放电、短时间的弧光放电和接点上的微弱火花。电火花引起的火灾爆炸事故发生率很高，所以对电气设备及其配件要认真选择防爆类型和仔细安装，特别注意对电动机、电缆、电缆沟、电气照明、电气线路的使用、维护和检修。

(6) 静电火花。在一定条件下，两种不同物质相互接触、摩擦就可能产生静电，比如生产中的挤压、切割、搅拌、流动以及生活中的起立、脱衣服等都会产生静电。静电能量以火花形式放出，则可能引起火灾爆炸事故。消除静电的方法有两种：一是抑制静电的产生；二是迅速把产生的静电消散。

2. 爆炸控制

爆炸造成的后果大多非常严重，科学防爆是非常重要的一项工作。防止爆炸的主要措施如下：

(1) 惰性介质保护。化工生产中，采取的惰性气体主要有氮气、二氧化碳、水蒸气、烟道气等。一般有如下情况需考虑采用惰性介质保护：易燃固体物质的粉碎、筛选处理及其粉末输送时，采用惰性气体进行覆盖保护；处理可燃易爆的物料系统，在进料前，用惰性气体进行置换，以排除系统中原有的气体，防止形成爆炸性混合物；将惰性气体通过管线与有火灾爆炸危险的设备、储槽等连接起来，在万一发生危险时使用；易燃液体利用惰性气体充压输送；在有爆炸性危险的生产场所，对有可能引起火灾危险的电器、仪表等采用充氮气保护；易燃易爆系统检修动火前，使用惰性气体进行吹扫置换；发现易燃易爆气体泄漏时，采用惰性气体（或水蒸气）冲淡时，用惰性气体进行灭火。

（2）系统密闭，防止可燃物料泄漏和空气进入。为了保证系统的密闭性，对危险设备及系统应尽量采用焊接接头，少用法兰连接；为防止有毒或爆炸性危险气体向容器外逸散，可以采用负压操作系统，对于在负压下生产的设备，应防止空气吸入；根据工艺温度、压力和介质的要求，选用不同的密封垫圈；特别注意检测试漏，设备系统投产前和大修后开车前应结合水压试验，用压缩氮气或压缩空气做气密性检验，如有泄漏应采用相应的防泄漏措施；还要注意平时的维修保养，发现配件、填料破损要及时维修或更换，发现法兰螺钉松弛要设法紧固。

（3）通风置换，使可燃物质达不到爆炸极限。通过通风置换可以有效地防止易燃易爆气体积聚而达到爆炸极限。通风换气次数要有保障，自然通风不足的要加设机械通风。排除含有燃烧爆炸危险物质的粉尘的排风系统，应采用不产生火花的除尘器。含有爆炸性粉尘的空气在进入风机前，应进行净化处理。

（4）安装爆炸遏制系统。爆炸遏制系统由能检测出初始爆炸的传感器和压力式的灭火剂罐组成，灭火剂罐通过传感装置动作。在尽可能短的时间里，把灭火剂均匀地喷射到需要保护的容器里，于是，爆炸燃烧被扑灭，从而控制住爆炸的发生。在爆炸遏制系统里，爆炸燃烧能自行进行检测，并在停电后的一定时间里仍能继续进行工作。

## 四、灭火措施

1. 常用灭火剂及其适用性

灭火剂是能够有效地破坏燃烧条件，终止燃烧的物质。选择灭火剂的基本要求是灭火效率高、使用方便、资源丰富、成本低廉，对人和环境基本无害。常用灭火剂有以下几种：

（1）水（或水蒸气）。水是最常用的灭火剂，主要作用是冷却降温，也有隔离窒息的作用。它可以单独用于灭火，也可以与其他不同的化学添加剂组成混合物使用。除了带电物质的火灾、遇水燃烧物质和非水溶性燃烧液体的火灾外，一般都可以用水

（或水蒸气）进行灭火。

（2）泡沫灭火剂。泡沫灭火剂分为化学泡沫灭火剂和空气泡沫灭火剂两大类。化学泡沫灭火剂主要由化学药剂混合发生化学反应产生，一般是二氧化碳，它可以覆盖易燃液面，起隔离与窒息的作用。空气泡沫灭火剂是由一定比例的泡沫液、水和空气在泡沫发生器内进行机械混合搅拌而生产的气泡，泡内一般是空气。泡沫灭火剂主要用于扑救各种不溶于水的可燃、易燃液体的火灾，也可用来扑救木材、纤维、橡胶等固体的火灾。

（3）干粉灭火剂。常用的干粉灭火剂是由碳酸氢钠，细砂，硅藻土或石粉等组成的细颗粒固体混合物。它依靠压缩氮气的压力被喷射到燃烧物表面上，起到覆盖、隔离和窒息的作用。干粉灭火剂的灭火效率比较高，用途非常广泛，可用于可燃气体、易燃液体、电气设备、油类、遇水燃烧物质等物品的火灾。

（4）二氧化碳灭火剂。二氧化碳灭火剂是将二氧化碳以液态的形式加压充装于灭火器中，灭火时二氧化碳气从钢瓶喷出时即成固体（干冰），不燃也不助燃。二氧化碳灭火剂可用于扑救电气设备和部分忌水性物质的火灾，也可用于扑救精密仪器、机械设备、图书、档案等的火灾。

（5）7150 灭火剂。7150 灭火剂是一种无色透明液体，主要成分是三甲氧基硼氧六环，是扑救镁、铝合金等轻金属火灾的有效灭火剂。

（6）其他灭火剂。除了以上几种灭火剂外，惰性气体、卤代烷也可作灭火剂。另外，用沙土等覆盖物来灭火也很广泛。

2. 灭火剂的选用

发生火灾时，要根据火灾的类别和具体情况选择适当的灭火剂，以达到最好的效果。选用时可参看表 3—2。

**表 3—2　　各类灭火剂的适宜范围**

| 灭火剂种类 | | 火灾种类 | | | | |
|---|---|---|---|---|---|---|
| | | 木材等一般火灾 | 可燃液体火灾 | | 带电设备火灾 | 金属火灾 |
| | | | 非水溶性 | 水溶性 | | |
| 水 | 直流 | ○ | × | × | × | × |
| | 喷雾 | ○ | △ | ○ | ○ | △ |
| 水溶液 | 直流（加强化剂） | ○ | × | × | × | × |
| | 喷雾（加强化剂） | ○ | ○ | ○ | × | × |
| | 水加表面活性剂 | ○ | △ | △ | × | × |
| | 水加增黏剂 | ○ | × | × | × | × |
| | 水胶 | ○ | × | × | × | × |
| | 酸碱灭火剂 | ○ | × | × | × | × |
| 泡沫 | 化学泡沫 | ○ | ○ | △ | × | × |
| | 蛋白泡沫 | ○ | ○ | × | × | × |
| | 氟蛋白泡沫 | ○ | ○ | × | × | × |
| | 水成膜泡沫（轻水） | ○ | ○ | × | × | × |
| | 合成泡沫 | ○ | ○ | × | × | × |
| | 抗溶泡沫 | ○ | △ | ○ | × | × |
| | 高、中倍数泡沫 | ○ | ○ | × | × | × |
| 特殊液体（7150 灭火剂） | | × | × | × | × | ○ |
| 不燃气体 | 二氧化碳 | △ | ○ | ○ | ○ | × |
| | 氮气 | △ | ○ | ○ | ○ | × |
| 干粉 | 钠盐、钾盐干粉 | △ | ○ | ○ | ○ | × |
| | 磷酸盐干粉 | ○ | ○ | ○ | ○ | × |
| | 金属火灾用干粉 | × | × | × | × | ○ |
| 烟雾灭火剂 | | × | ○ | × | × | × |

注：○——适用；△——一般不用；×——不适用。

3. 灭火器的使用和保养（见表 3—3）

**表 3—3　　灭火器的使用和保养**

| 灭火器类型 | 泡沫灭火器 | $CO_2$ 灭火器 | $CCl_4$ 灭火器 | 干粉灭火器 |
| --- | --- | --- | --- | --- |
| 规格 | 10 L<br>65～130 L | 2 kg 以下<br>2～3 kg<br>5～7 kg | 2 kg 以下<br>2～3 kg<br>5～8 kg | 8 kg<br>50 kg |
| 使用方法 | 倒置稍加摇动或打开开关，药剂即喷出 | 一手持传声器筒对着火源，另一手打开开关即可喷出 | 只要打开开关，液体就可喷出 | 提起圈环，干粉即可喷出 |
| 保养和检查 | 1. 放在使用方便的地方<br>2. 注意使用期限<br>3. 防止喷嘴堵塞<br>4. 冬季防冻，夏季防晒<br>5. 一年一检查，泡沫低于 4 倍应换药 | 每月测量一次，当小于原量 1/10 时，应充气 | 检查压力，小于定压时应充气 | 放在干燥通风处，防潮防晒。一年检查一次气压，若质量减少 1/10 时，应充气 |

## 五、防火防爆安全装置

1. 阻火装置

阻火装置的作用是防止火焰窜入设备、容器与管道内，或阻止火焰在设备和管道内扩展。常见的阻火设备包括安全液（水）封、水封井、阻火器和单向阀。

（1）安全液封。一般装设在气体管线与生产设备之间，以水作为阻火介质。其作用原理是：由于液封中装有不燃液体，无论在液封的两侧中任一侧着火，火焰至液封即被熄灭，从而阻止火势的蔓延。

（2）水封井。水封井是安全液封的一种，一般设置在含有可燃气体或油污的排污管道上，以防止燃烧爆炸沿排污管道蔓延。

其高度一般在 250 mm 以上。

（3）阻火器。燃烧开始后，火焰在管中的蔓延速度随着管径的减少而减小。当管径小到某个极限值时，管壁的热损失大于反应热，火焰就不能传播，从而使火焰熄灭，这就是阻火器的原理。在管路上连接一个内装金属网或砾石的圆筒，可以阻止火焰从圆筒的一端蔓延到另一端。

（4）单向阀。又叫止逆阀、止回阀，是仅允许流体向一定方向流动，遇有回流时自动关闭的一种器件，可防止高压燃烧气流逆向窜入未燃低压部分引起管道、容器、设备爆裂。如液化石油气的气瓶上的调压阀就是一种单向阀。

2. 火灾自动报警装置

它的作用是将感烟、感温、感光等火灾探测器接收到的火灾信号，用灯光显示出火灾发生的部位并发出报警声，唤起人们尽早采取灭火措施。火灾自动报警装置主要由检测器、探测器和探头组成，按其结构的不同，大致可分为感温报警器、感光报警器、感烟报警器和可燃气体报警器。如某个房间出现火情，既能在该层的区域报警器上显示出来，又可在总值班室的中心报警器上显示出来，以便及早采取措施，避免火势蔓延。

（1）感温报警器。是一种利用起火时产生的热量，使报警器中的感温元件发生物理变化，作用于警报装置而发出警报的报警器。此种报警器种类繁多，可按其敏感元件的不同分为定温式、差温式和差定组合式三类。

（2）感光电报警器。利用火焰辐射出来的红外、紫外及可见光探测元件接收了火焰的闪动辐射后，随之产生出电信号来报警的报警装置。该报警器能检测瞬间燃烧的火焰。它适用于输油管道、燃料仓库、石油化工装置等。

（3）感烟报警器。是利用着火前或着火时产生的烟尘颗粒进行报警的报警装置。主要用来探测可见或不可见的燃烧产物，尤其有阴燃阶段，产生大量的烟和少量的热，很少或没有火焰辐射的初期火灾。

（4）可燃气体报警器。主要用来检测可燃气体的浓度。当气体浓度超过报警点时，便能发出报警。主要用于易燃易爆场所的可燃性气体检测。如日常生活中的煤气、石油气，工业生产中产生的氢气、一氧化碳、甲烷、硫化氢等，如果泄漏可燃气体的浓度超过爆炸下限的1/6～1/4之间，就会发出报警信号，必须立即采取应急措施。

3. 防爆泄压装置

防爆泄压装置包括安全阀、防爆片、防爆门和放空管等。安全阀主要用于防止物理性爆炸；防爆片和防爆门主要用于防止化学性爆炸；放空管是用来紧急排泄有超温、超压、爆聚和分解爆炸危险的物料。

（1）安全阀。安全阀是为了防止非正常压力升高超过限度而引起爆炸的一种安全装置。设置安全阀时要注意：安全阀应垂直安装，并应装设在容器或管道气相界面上；安全阀用于泄放易燃可燃液体时，宜将排泄管接入储槽或容器；安全阀一般可就地排放，但要考虑放空口的高度及方向的安全性；安全阀要定期进行检查。

（2）防爆片。防爆片的作用是排出设备内气体、蒸汽或粉尘等发生化学性爆炸时产生的压力，以防设备、容器炸裂。防爆片的爆破压力不得超过容器的设计压力，对于易燃或有毒介质的容器，应在防爆片的排放口装设放空导管，并引至安全地点。防爆片一般装设在爆炸中心的附近效果比较好，并且一般6～12个月更换一次。

（3）防爆门。防爆门一般设置在使用油、气或煤粉作燃料的加热炉燃烧室外壁上，在燃烧室发生爆燃或爆炸时用于泄压，以防止加热炉的其他部分遭到破坏。

## 六、火灾爆炸事故的处置要点

1. 火灾事故处置要点

(1) 发生火灾事故后，首先要正确判断着火部位和着火介质，立足于现场的便携式、移动式消防器材，立足于在火灾初起时及时扑救。

(2) 如果是电器着火，则要迅速切断电源，保证灭火的顺利进行。

(3) 如果是单台设备着火，在甩掉和扑灭着火设备的同时，改用和保护备用设备，继续维持生产。

(4) 如果是高温介质漏出后自燃着火，则应首先切断设备进料，尽量安全地转移设备内储存的物料，然后采取进一步的生产处理措施。

(5) 如果是易燃介质泄漏后受热着火，则应在切断设备进料的同时，降低高温物体表面的温度，然后再采取进一步的生产处理措施。

(6) 如果是大面积着火，要迅速切断着火单元的进料、切断与周围单元生产管线的联系。停机、停泵、迅速将物料倒至罐区或安全的储罐，做好蒸汽掩护。

(7) 发生火灾后，要在积极扑灭初起之火的同时迅速拨打火警电话，以便得到专业消防队伍的支援，防止火势进一步扩大和蔓延。

2. 泄漏事故处置要点

(1) 临时设置现场警戒范围。发生泄漏、跑冒事故后，要迅速疏散泄漏污染区人员至安全区，临时设置现场警戒范围，禁止无关人员进入污染区。

(2) 熄灭危险区内一切火源。可燃液体物料泄漏的范围内，首先要绝对禁止使用各种明火。特别是在夜间或视线不清的情况下，不要使用火柴、打火机等进行照明；同时也要注意不要使用刀闸等普通型电气开关。

（3）防止静电的产生。可燃液体在泄漏的过程中，流速过快就容易产生静电。为防止静电的产生，可采用堵洞、塞缝和减少内部压力的方法，通过减缓流速或止住泄漏来达到防静电的目的。

（4）避免形成爆炸性混合气体。当可燃物料泄漏在库房、厂房等有限空间时，要立即打开门窗进行通风，以避免形成爆炸性混合气体。

（5）如果是油罐液位超高造成跑冒，应急人员要按照规定穿防静电的防护服，佩戴自给式呼吸器立即关闭进料阀门，将物料输送到相同介质的待收罐。

3. 爆炸事故处置要点

（1）发生重大爆炸事故后，岗位人员要沉着、镇静，不要惊慌失措，在班长的带领下，迅速安排人员报警，同时积极组织人员查找事故原因。

（2）在处理事故过程中，岗位人员要穿戴防护服，必要时佩戴防毒面具和采取其他防护措施。

（3）如果是单个设备发生爆炸，首先要切断进料，关闭与之相邻的所有阀门，停机、停泵、停炉、除净塔器及管线的存料，做好蒸汽掩护。

（4）当爆炸引起大火时，在岗人员应利用岗位配备的消防器材进行扑救，并及时报警，请求灭火和救援，以免事态进一步恶化。

（5）爆炸发生后，要组织人员对临近的设备和管线进行仔细检查，避免再次发生灾害。

# 第三节　电气安全基础知识

**要点掌握：**

1. 触电救护方式和方法。
2. 触电防护技术。

现代生产企业，特别是石油化工、危险化学品生产等连续性生产的企业，对电力供应、电气设备的正常运行的要求越来越高，一旦发生电击类电气事故不仅影响生产的正常运行，而且可能导致重大的人身伤亡事故。

**一、电气事故类型及危害**

1. 触电事故

触电又称电击，是电流通过人体而引起的病理、生理效应。当电流转换成其他形式的能量（如热能）作用于人体时，人体将受到不同形式、不同程度的伤害。

2. 静电危害事故

当两个物体相互紧密接触或分离时，造成两物体各自正、负电荷过剩，形成静电带电。在生产过程中，某些材料的相对运动、接触与分离很容易产生静电。产生的静电能量一般不大，不会对人体造成直接伤害，但其放电过程中电压可能高达数 10 千伏以上，容易产生火花，引发火灾或爆炸。

3. 雷电灾害事故

雷电是大气中的放电现象，具有电流大、电压高的特点，有较大的破坏力，可引起火灾、爆炸及直接造成人体伤害。

4. 电气系统故障事故

电能在输送、分配、转换过程中，失去有效控制而产生的事故，如断线、短路、异常接地、漏电、设备或元器件损坏、干扰、误操作等。电气系统故障可引发火灾、爆炸、异常带电、停电、人员伤亡及设施设备损失。

## 二、触电及防护

**真实案例：**

某石化公司的66 kV水源变电所室外有两段66 kV母线。某日，其中一段母线停电检修清扫，二段母线设备继续带电运行。在变电所所长安排完停电及检修人员后，开始检修清扫工作。所长担任监护人。开工约3小时后，该所长自己搬梯子到带电的二段母线66 kV刀闸处，往上爬梯子。在接近带电体一段距离时他遭电击，被打落在地上，脑部严重摔伤，身体有放电痕迹，到医院抢救无效死亡。

### 1. 触电伤害

触电伤害是指电流对人体的伤害，分为电击和电伤两种。

电击是指电流通过人体，破坏人的心脏、肺及神经系统的正常功能。电流对人体造成死亡的原因主要是电击。如在100 V以下的低压系统中，电流会引起人的心室颤动，遭受电击后，使心脏由原来的正常跳动变为每分钟数百次以上的细微颤动，致使心脏不能再压送血液，导致血液终止循环和大脑缺氧，人体发生窒息死亡。

电伤是指电流的热效应、化学效应或机械效应对人体的伤害，主要有电灼伤、熔化金属溅出烫伤、爆裂碎片划伤等。电伤主要发生在局部。

（1）电灼伤。人体与带电体接触，电流通过人体时产生热效应，造成皮肤灼伤。而电气设备电压较高时会产生强烈的电弧或电火花，灼伤人体，甚至击穿部分组织或器官，并使深部组织烧死或烧焦。此时，触电者会因人体表面大面积灼伤或因呼吸中枢麻痹而死。

(2) 电标志。电流通过人体时，在皮肤上留下青色或浅黄色斑痕。

(3) 机械损伤。电流通过人体时，产生机械—电动力效应，致使肌肉抽搐收缩，造成肌肉、皮肤、血管及神经组织断裂。

2. 触电形式

触电事故可分成两类：一是电气设备正常运行时，如在生产或检修中，人体触及运行中通电的导体，包括中性体所造成的直接触电；二是在故障条件下，人体触及带电的外露可导电部分和外界可导电部分所致，这种触电也叫间接触电。

触电的方式有三种：即低压触电、高压放电和跨步电压。

(1) 低压触电。单相低压触电是指人体某部位接触地面，而另一部位触及一相带电体的触电事故。在低压供电系统中相电压为 220 V 是确定的，因此触电电流取决于人体电阻。大部分触电事故是单相触电事故。

两相低压触电是指人体两部分同时触及两相带电体的触电事故，两相触电多发生在检修过程中。由于两相触电加在人体上的电压是线电压，为相电压的 1.73 倍，即 380 V，因此触电危害远大于单相触电。

(2) 高压放电。当人体靠近 1 000 V 以上高压带电体时，会发生高压放电而导致触电，而且电压越高，放电距离越远。

(3) 跨步电压。当带电体发生接地故障时，在接地点附近会形成电位分布，如果人位于接地点附近，两脚所处的电位不同，这种电位差即为跨步电压。跨步电压的大小取决于接地电压的高低和人距接地点的距离。高压线落地会产生一个以落地点为中心的半径为 8～10 m 的危险区域。

3. 触电原因

影响触电危险程度的主要因素为：通过人体电流的大小、电流途径、触电电压高低、人体阻抗、电流通过人体持续的时间、电流的频率等。从手到脚的电流途径最危险，因为电流将会通过人体的重要器官；其次是一只手到另一只手；最后是一只脚到另一只脚。

产生触电的原因：缺乏电气安全意识和知识；违反操作规程；维护不良；电气设备存在安全隐患。

4. 触电救护

(1) 触电急救的重要性。人体触电后通常出现神经麻痹、呼吸中断、心脏停止跳动等症状。当发现触电者呈现为昏迷不醒的假死状态时，切不可放弃急救。据统计资料表明，触电后 1 min 开始抢救，有 90%效果；触电后 6 min 开始抢救，有 10%的效果；触电后 12 min 开始抢救，救活的可能很小，可见及时抢救相当重要。

(2) 脱离电源的方法。迅速使触电者脱离电源是触电急救的首要步骤，方法如下：立即断开触电电源的开关或拔下其插头；如未发现开关，应借助附近干燥的木棍、绳索等绝缘物将触电者与电源分开。高压触电则必须通知变电所切断电源后，方可靠近触电者抢救。

(3) 抢救措施　触电者脱离电源应立即在现场抢救，措施要适当。触电者伤害较轻，未失去知觉，仅在触电时一度昏迷过，则应使其就地安静休息 1～2 h，但要继续观察。

触电者伤害较重，有心脏跳动而无呼吸则应立即做人工呼吸；有呼吸而无心脏跳动则应采取人工体外心脏按压术救治。

触电者伤害很重，呼吸、心脏跳动均已停止、瞳孔放大，此时必须同时采取口对口人工呼吸和胸外心脏按压术，进行人工复苏术抢救。尽可能耐心坚持 6 h 以上，直到救活或确诊死亡为止。应注意在转送医院途中也不可中断抢救措施。

**三、触电防护技术**

触电事故具有突发性和隐蔽性，但也具有一定的规律性。在实践的基础上，不断研究其规律性，采取相应的防护措施，可以有效地预防触电事故的发生。合理选用电气装置是减少触电危险和火灾爆炸危害的重要措施，在干燥少尘的环境中，可采用开户式或封闭式电气设备；在潮湿和多尘的环境中，应采用封闭式电气设备；在腐蚀性气体的环境中，必须采用封闭式电气设备；在易燃易爆的环境中，必须采用防爆式电气设备。

1. 屏蔽和障碍防护

某些开启式开关电气的活动部分不便绝缘，或高压设备的绝缘不能保证人在接近时的安全，应设立屏蔽或障碍防护措施。

将带电部分用遮栏或外壳与外界完全隔开，以避免人们从经常接近的方向或任何方向触及带电部分。

设置阻挡物用于防止无意的接触，如在生产现场采用板状、网状、筛状阻挡物。由于阻挡物的防护功能有限，因此在采用时应附设警告信号灯、警告信号标志等。必要时可设置声、光报警信号及联锁保护装置。

2. 绝缘防护

用绝缘材料将带电部分全部包裹起来，防止在正常工作条件下与带电部分的任何接触，所采取的绝缘保护应根据所处环境和应用条件，对绝缘材料规定绝缘性能参数，其中绝缘电阻、泄漏电流、介电强度是最主要的参数。常见的绝缘材料有瓷、云母、橡胶、塑料、棉布、纸、矿物油等。电气设备的绝缘性能由绝缘材料和工作环境决定，其指标为绝缘电阻，绝缘电阻越大，则电气设备泄漏的电流越小，绝缘性能越好。

除设备的绝缘防护外，工作人员应根据需要配备相应的绝缘防护用品，如绝缘手套、绝缘鞋、绝缘垫等。

3. 漏电保护

漏电保护器是一种在设备及线路漏电时，保证人身和设备安全的装置，其作用在于防止由于漏电引起的人身伤害，同时可防止由于漏电引起的设备火灾。通常用在出现故障情况下的触电保护，但也可作为直接触电防护的补充措施，以便在其他直接防护措施失败或操作者疏忽时实行直接触电防护。

原劳动和社会保障部《漏电保护器安全监察规定》和国家标准《漏电保护器安装和运行》（GB 13955—92）要求，在电源中性线直接接地的保护系统中，在规定的场所、设备范围内必须安装漏电保护器和实现漏电保护器的分级保护。对一旦发生漏电切断电源时会造成事故和重大经济损失的装置和场所，应安装报警式漏电保护器。

4. 安全间距

为了防止人体、车辆触及或接近带电体造成事故，防止过电压放电和各种短路事故，国家规定了各种安全间距。大致可分为四种：各种线路的安全距离、变配电设备的安全距离、各种用电设备的安全距离、检修维修时的安全距离。为了防止各种电气事故的发生，带电体与地面之间、带电体与带电体之间、带电体与人体之间、带电体与其他设施设备之间均应保持安全距离。

架空线路的架设高度应符合表 3—4 的规定，架空线与建筑物的距离应符合表 3—5 的规定，架空线与树木的距离应符合表 3—6 的规定。

厂区内起重作业时起重臂可能会触及架空线，导致起重作业区内形成跨步电压，严重威胁作业人员安全。因此在架空线附近进行起重作业，应严格管理，起重机具及重物与线路导线的最小距离应符合表 3—7 的规定。

**表 3—4　　导线与地面或水面的最小距离**　　m

| 线路经过地区 | 线路电压/kV | | |
|---|---|---|---|
| | ≤1 | 10 | 35 |
| 居民区 | 6 | 6.5 | 7 |
| 非居民区 | 5 | 5.5 | 6 |
| 交通困难地区 | 4 | 4.5 | 5 |
| 不能通航或浮运的河、湖（冬季水面） | 5 | 5 | 5.5 |
| 不能通航或浮运的河、湖（50 年一遇洪水水面） | 3 | 3 | 3 |

表 3—5　导线与建筑物的最小距离

| 线路电压/kV | ≤1 | 10 | 35 |
| --- | --- | --- | --- |
| 垂直距离/m | 2.5 | 3.0 | 4.0 |
| 水平距离/m | 1.0 | 1.5 | 3.0 |

表 3—6　导线与树木的最小距离

| 线路电压/kV | ≤1 | 10 | 35 |
| --- | --- | --- | --- |
| 垂直距离/m | 1.0 | 1.5 | 3.0 |
| 水平距离/m | 1.0 | 2.0 | — |

表 3—7　导线与起重机具的最小距离

| 线路电压/kV | ≤1 | 10 | 35 |
| --- | --- | --- | --- |
| 距离/m | 1.5 | 2.0 | 4.0 |

5. 安全电压

安全电压是按人体允许承受的电流和人体电阻值的乘积确定的。一般情况下视摆脱电流 10 mA（交流）为人体允许电流，但在电击可能造成严重二次事故的场合，如水中或高空，允许电流应按不引起人体强烈痉挛的 5 mA 来考虑。人体电阻一般在 1 000～2 000 Ω 之间，但在潮湿、多汗、多粉尘的情况下，人体电阻只有数百欧姆。因此，当电气设备需要采用安全电压来防止触电事故时，应根据使用环境、人员和使用方式等因素选用不同等级的安全电压。安全电压的等级为 42 V、36 V、24 V、12 V 和 6 V。

国内过去多采用 36 V、12 V 两种等级的安全电压。手提灯、危险环境的携带式电动工具和局部照明灯，高度不足 2.5 m 的一般照明灯，如无特殊安全结构或安全措施，宜采用 36 V 安全电压。凡工作地狭窄、行动不便以及周围有大面积接地导体的环境（如金属容器、管道内）的手提照明灯，应采用12 V。

安全电压应由隔离变压器供电，使输入与输出电路隔离；安全电压电路必须与其他电气系统和任何无关的可导电部分实现电气上的隔离。

6. 保护接地与接零

保护接地是把用电设备在出现故障情况下可能出现危险的金属部分（如外壳等）用导线与接地体连接起来，使用电设备与大地紧密连通。在电源为三相三线制的中性点不直接接地或单相制的电力系统中，应设保护接地线。

保护接零是把电气设备在正常情况下不带电的金属部分（外壳），用导线与低压电网的零线（中性线）连接起来。在电压为三相四线制的变压器中性点直接接地的电力系统中，应采用保护接零。

## 第四节　危险场所电气安全

**要点掌握：**

1. 电气火灾爆炸原因有哪些？
2. 电气火灾爆炸的预防措施有哪些？

### 一、火灾爆炸危险场所电气安全

1. 火灾爆炸危险场所

电气系统正常工作或发生故障时可能产生电火花、电弧和发热，在一定的外部环境和危险物料条件下，容易发生火灾爆炸危险事故。火灾爆炸危险分为三类，即气体爆炸、粉尘爆炸及火灾危险。为预防火灾爆炸事故的发生，首先要识别火灾爆炸危险场所。对于火灾爆炸危险场所的分析判断，首先应识别危险物料，然后考虑释放源及其布置，再分析释放源的性质以及通风条件，综合分析危险场所的危险等级，采取相应的安全技术措施，选择适合的防爆电气设备。

（1）危险物料。首先应识别危险物料的种类，其次考虑危险物料的理化性质。如物料的闪点、密度、引燃温度、爆炸极限等，以及该物料工作温度、工作压力、数量及与其他物料的组合等因素。

（2）释放源。考虑该物质释放源的分布和工作状态，关注泄漏或排放危险物品的速度、量及浓度，尤其应注意物料的扩散情况和形成爆炸性混合物的范围。

（3）通风。室内一般视为阻碍通风场所，如安装了有效地通风设备，则不视为阻碍通风场所。但是，地处室外的危险源周围如有障碍，则应视为阻碍通风场所。

2. 防爆电气设备

合理选用电气装置是减少触电危险和火灾爆炸危害的重要措施。选择电气设备时主要根据危险场所的具体情况，在干燥少尘的环境中，可采用开启式或封闭式电气设备；在潮湿和多尘的环境中，应采用封闭式电气设备；在腐蚀性气体的环境中，应采用封闭式电气设备；在易燃易爆危险场所中，必须采用防爆式电气设备。

（1）防爆电气设备分类。防爆电气设备是能在爆炸危险场所中安全使用而不会引起燃爆事故的特种电气设备。常用的电气（包括电动机、照明灯具、开关、断路器、仪器仪表、通信设备、控制设备等）均可制成防爆型的产品。我国将防爆设备分为三类：Ⅰ类防爆电气设备适用于煤矿井下；Ⅱ类防爆电气设备适用于爆炸性气体环境；Ⅲ类防爆电气设备适用于爆炸性粉尘环境。而石油化工企业所用的防爆电气设备多为Ⅱ类防爆电气设备。

（2）防爆电气的安全技术要求

1）在爆炸危险场所运行时，具备不引燃爆炸物质的性能。

2）必须经国家认可的检验单位检验合格，并取得防爆合格证。

3）铭牌、标志齐全。应设置标明防爆检验合格证号和防爆标志铭牌，在明显部位应有永久性防爆标志“EX”。

4）在爆炸危险环境里，选用防爆电气的允许最高表面温度，不得超过作业场所爆炸危险物质的引燃温度。

## 二、电气防火防爆技术

1. 电气火灾爆炸原因

（1）电气设备过热

1）短路。不同相的相线之间、相线与零线之间造成金属性接触即为短路。发生短路时，线路中电流增加为正常值的几倍乃至几十倍，温度急剧升高，引起绝缘材料燃烧而发生火灾。

2）过载。电气线路或设备上所通过的电流值超过其允许的额定值即为过载。过载可以引起绝缘材料不断升温直至燃烧，烧毁电气设备或酿成火灾。

3）接触不良。电气设备或线路上常有连接部件或接触部件。连接部件多用焊接或螺栓连接，当用螺栓连接时，若螺栓生锈松动，则连接部分接触电阻增加而导致接头过热。接触部件多为触头、接点，多靠磁力或弹簧压力接触，接触不好同样发热。

4）铁心发热。电气设备的铁心，由于磁滞和涡流损耗而发热。正常时，其发热量不足以引起高温。当设计不合理、铁心绝缘损坏时则铁损增加，同样会产生高温。

5）散热不良。电气设备温升不只是和发热量有关，也与散热条件好坏有关。如果电气设备散热措施受到破坏，同样会造成设备过热。如电动机缺少风叶、油浸设备缺油等。

(2) 电火花和电弧

**真实案例：**

1986 年 12 月 19 日，岳阳某石化厂氯丙烷车间，操作工按常规对 30 $m^3$ 的 1 号中间罐进行脱水作业。水排净后，阀门怎么也关不严，随即丙烯开始外溢。操作工立即报告班长、车间主任及厂调度室。上述人员先后赶到现场，研究决定串装一个阀门。正在分头准备时，丙烯已扩散至压缩机框架里，且慢慢升高，于是他们决定采取紧急停车处理。在最后停车时，丙烯气已淹没 6 号机 1.2 m。在他们按下开关的同时，火光一闪，一声闷响，发生了第一次空间爆炸。紧接着 3 号罐在大火的烘烤下也发生爆炸。1 h 后大火被扑灭。

原因分析：发生易燃易爆物质泄漏，如扩散到非防爆场所，严禁启闭任何电气设备或设施。

1) 电火花电弧是电极间的击穿放电。电弧是大量的电火花汇集而成的。一般电火花温度都很高，特别是电弧，温度可达 6 000℃。因此电火花和电弧不但能引起绝缘材料燃烧，而且可以引起金属熔化、飞溅，构成火灾、爆炸的危险火源。

2) 电火花可分为工作火花和事故火花。工作火花是指电气设备正常工作时或正常操作过程中产生的火花。如直流电动机电刷与整流片接触处、开关或接触器触头开合时的火花等。事故火花是线路或设备发生故障时出现的火花。如发生短路或接地时产生的火花、绝缘损坏或熔丝熔断时出现的闪络放电等。

2. 电气火灾爆炸的预防

(1) 合理选用电气设备。在易燃易爆场所必须选用防爆电器。防爆电器具备在运行过程中不引爆周围爆炸性混合物的性能。防爆电器有各种类型和等级，应根据场所的危险性和不同的易燃易爆介质正确选用合适的防爆电器。

（2）保持防火间距。电气火灾是由电火花或电器过热引燃周围易燃物形成的，电器安装的位置应适当避开易燃物。在电焊作业场所的周围以及天车滑触线的下方不应堆放易燃物。使用电热器具、灯具要防止烤燃周围易燃物。

（3）保持电器、线路正常运行。保持电器、线路正常运行主要指保持电器和线路的电压、电流、温升不超过允许值，保持足够的绝缘强度，保持连接或接触良好。这样可以避免事故火花和危险温度的出现，消除引起电气火灾的根源。

（4）电气灭火器材的选用。电气火灾有两个特点：一是着火电气设备可能带电；二是有些电气设备充有大量的油，可能发生喷油或爆炸，造成火焰蔓延。

带电灭火不可使用普通直流水枪或泡沫灭火器，以防扑救人员触电。应使用二氧化碳、七氟丙烷或干粉灭火器等。带电灭火一般只能在 10 kV 及以下的电气设备上进行。

电动机着火时，可用喷雾水灭火，使其均匀冷却，以防轴承和轴变形，也可用二氧化碳、七氟丙烷等灭火，但不宜用干粉、沙子、泥土灭火，以免损坏电动机。

变压器等电气发生喷油燃烧时，除切断电源外，有事故储油坑的应设法将油导入储油坑，坑内和地上的燃油可用泡沫扑灭，要防止燃油流入电缆沟并蔓延，电缆沟内的燃油也只能用泡沫覆盖扑灭。

## 第五节　静电危害及控制

**要点掌握：**

1. 静电种类有哪些？
2. 人体防静电措施是什么？

在工业生产中，产生静电现象较为普遍，人们一方面利用静电进行某些生产活动，如利用静电进行除尘、喷漆、植绒、选矿和复印等；另一方面要防止静电给生产和人身带来危害。近期美国公布了涉及10多个行业因静电造成的损失，调查结果显示，平均每年的直接经济损失高达200多亿美元。我国仅石化行业近几年就发生了几十起较大的静电事故，影响了生产的正常进行，甚至诱发火灾、爆炸等恶性事故，造成人员伤亡、财产损失。因此，如何进行静电防护及控制是各行业最为关注的安全问题之一。

## 一、静电的产生

### 1. 静电原理

简单地说，静电是对观测者而言处于相对静止的电荷。当两个物体相互紧密接触时，在接触面产生电子转移，而分离时造成两物体各自正、负电荷过剩，由此形成了两物体带静电。两种不同的物质相互之间接触和分离后带的电荷的极性与各种物质的逸出功有关。所谓逸出功是使电子脱离原来的物质表面所需要做的功。两物体相接触，甲的逸出功比乙的逸出功大，则甲对电子的吸引力强于乙，电子就会从乙转移到甲，于是逸出功较小一方失去电子带正电，而逸出功大的一方就获得电子带负电。如果带电体电阻率高，导电性能差，则该项物体中的电子移动困难，静电荷易于积聚。

产生静电的因素有许多种，而且往往是多种因素综合作用。除两物体接触、分离起电外，还有其他一些产生静电因素，如带电微粒附着到绝缘固体上，使之带静电；感应起电；固定的金属与流动的液体之间会出现电解起电；固体材料在机械力作用下产生压电效应；流体、粉末喷出时，与喷口剧烈摩擦而产生喷出带电等。

当物体被外力破坏、感应、极化、吸附时都可带静电，接触分离的两物质的种类及组合不同，会影响静电产生的大小和极性。通过大量实测试验，按照不同物质相互摩擦时带电极性的顺序，人们排出了静电带电序列表。下面列举两个典型的静电序列表，供参考。

*（+）玻璃—头发—尼龙—人造纤维—绸—醋酸人造丝—人造毛混纺—纸纤维和滤纸—黑橡胶—维尼纶—莎纶—聚酯纤维—电石—聚乙烯—可耐尼龙—赛璐珞—玻璃纸—氯乙烯—聚四氟乙烯（—）

*（+）纯毛—涤纶绸—窗帘绸—人造棉—富春纺—麻衬—毛腈华达呢—毛绦凉爽呢—真丝—美丽绸—平绒—纺毛花呢—凡立丁—的确良—涤卡—麻纱—涤丝绸—花瑶罗—涤腈花呢—乔纱—人造革（—）

在序列表中任何两物体紧密接触后迅速分开，靠前面的物体带正电靠后面的物体带负电。在序列表中两物体所处位置相隔越远，静电起电量越大。

2. 物体电阻率

物体上产生了静电，能否积聚起来主要取决于电阻率。静电导体难以积聚静电，而静电非导体能积聚足够的静电，从而引起各种静电现象。

一般汽油、苯、乙醚等物质的电阻率在 $10^{10} \sim 10^{13}$ Ω · m之间，它们容易积聚静电。金属的电阻率很小，电子运动快，所以两种金属分离后，显不出静电。

水是静电不良导体，但当少量的水混杂在绝缘的液体中，因水滴液晶相对流动时要产生静电，反而使液晶静电量增多。金属是良导体，但当它被悬空后就和绝缘体一样，也会带静电。

3. 静电种类

(1) 固体静电。固体物质大面积的摩擦，如纸张与辊轴、橡胶或塑料碾制、传动带与带轮或传送带与导轮摩擦等；固体物质在压力下接触而后分离，如塑料压制、上光等；固体物质在挤出过滤时与管道、过滤器等发生的摩擦，如塑料、橡胶的挤出等：

固体物质的粉碎、研磨和搅拌过程中其他一些类似的工艺过程均可能产生静电。

（2）粉体静电。粉体是固体的一种特殊形态，与整块固体相比，粉体具有分散性和悬浮状态的特点。由于它的分散性表面积增加使其更容易产生静电。粉体的悬浮性又使得铝粉、镁粉等金属粉体通过空气与地绝缘，也能产生和积聚静电，因此粉体比一般固体有着更大的静电危险性。粉体静电与粉体材料性质、输送管道、搅拌器或料槽材料性质、粉体的颗粒大小和表面几何特征、工艺输送速度、运动时间长短、载荷量等有关。

（3）液体静电。液体在输送、喷射、混合、搅拌、过滤、灌注、剧烈晃动过程中，会产生带电现象。如在石油炼化企业中，从原油的储运、半成品、成品油的加工过程中，都需反复的加温、加压、喷射、输送、灌注运输等过程，都会产生大量的静电，有时达到数千伏至数万伏，一旦放电便会造成非常严重的后果。液体的带电与液体的电阻率（电导率）、液体所含杂质、管道材料和管道内壁情况、注液管、容器的几何形状、过滤器的规格与安装位置、流速和管径等有关。

（4）气体（蒸汽）静电。纯净的气体在通常条件下不会引起静电，但由于气体中往往含有悬浮液体微粒或灰尘等固体颗粒，当高压喷出时相互间摩擦、分离能产生较强的静电，如二氧化碳气体由钢瓶喷出时静电可达 8 kV。

气体静电与气体的性质、喷出速度、管径及材质、固体或液体微粒的性质及几何形态、压力、密度、温度等有关。

（5）人体静电。通常情况下，人体电阻在数百欧姆至数千欧姆之间，可以说人体是一个静电导体。当人们穿着一般的鞋袜、衣服时，在干燥环境中人体就成了绝缘导体。当人进行各种活动时，由于衣服之间、皮肤与衣服、鞋与地面、衣服与接触的各种介质间发生摩擦，可产生几千伏甚至上万伏的静电。如在相对湿度 39%的情况下，人体从铺有 PVC 薄膜的软椅上突然起立时人体电位可达 18 kV。

人体在静电场中也会感应起电，如果人体与地绝缘，就成为独立的带电体。如果空间存在带电颗粒，人们在此环境中可产生吸附带电。人体静电的极性和数值受人们所处的环境的温湿度、所穿的内外衣的材质、鞋、袜、地面、运动速度、人体对地电容等因素影响。

## 二、静电的危害

静电放电是带电体周围的场强超过周围介质的绝缘击穿场强时，因介质电离而使带电体上的电荷部分或全部消失的现象。其静电能量变为热量、声音、光、电磁波等而消耗，这种放电能量较大时，就会成为火灾、爆炸的点火源。

**真实案例：**

1993 年 3 月 13 日，江苏省某县化肥厂碳化车间清洗塔上一根测温套管与法兰连接处严重漏气（氢气）。车间上报领导后，厂领导为保证生产，要求在不停机、不减压的条件下采取临时堵漏措施，堵住泄漏处。操作工按领导要求冒险作业，用铁卡和橡胶板进行堵漏，但未成功。随后，厂领导再次要求堵漏，操作工再次冒险作业，用平板车内的胎皮包裹泄漏处。操作中，由于塔内压力较高，高速喷出的氢气与橡胶皮摩擦产生静电火花，突然起火。一名操作工当场被烧死，另一名被烧成重伤后，抢救无效死亡。

事故原因系高速喷出的氢气与橡胶皮摩擦产生静电火花而引起火灾。间接原因是厂领导违章指挥，抓生产而不顾安全；操作工没有采取有效的安全措施冒险作业。

1. 爆炸和火灾

在有可燃液体的作业场所（如油料装运等），可能由静电火花引起火灾；在有气体、蒸汽爆炸性混合物或有粉尘纤维爆炸性混合物的场所，如氧、乙炔、煤粉、铝粉、面粉等，可能由静电引发爆炸。

2. 电击

当人体带电体时，或带静电的人体接近接地体时，都可能产生静电电击。虽然静电的电击能量较小，不足以直接伤害人体，但可能导致坠落、摔倒等，造成第二次事故。

3. 影响生产

静电的存在，可能干扰正常的生产过程，损坏设备，降低产品质量。如静电使粉尘吸附在设备上，影响粉尘的过滤和输送，降低设备的寿命；静电放电能引起计算机、自动控制设备的故障或误动，造成各种损失。

**三、静电控制技术**

1. 防静电的主要场所

静电的主要危险是引起火灾和爆炸，因此，静电可能引起安全事故的场所必须采取防静电措施。

(1) 生产、使用、储存、输送、装卸易燃易爆物品的生产装置。

(2) 产生可燃性粉尘的生产装置、干式集尘装置以及装卸料场所。

(3) 易燃气体、易燃液体槽车和船的装卸场所。

(4) 有静电电击危险的场所。

2. 静电控制措施

(1) 工艺控制法。工艺控制法就是从工艺流程、设备结构、材料选择和操作管理等方面采取措施限制静电的产生或控制静电的积累，使之不能到达危险的程度。具体方法有：限制输送速度；对静电的产生区和逸散区采取不同的防静电措施，正确选择设备和管理的材料；合理安排物料的投入顺序；消除产生静电的附加源，如液流的喷溅、冲击、粉尘在料斗内的冲击等。增加空气湿度的主要作用是降低绝缘体的表面电阻率，从而便于绝缘体通过自身泄放静电。因此，如工艺条件许可，可增加室内空气的相对湿度至50%以上。

**真实案例：**

2003年7月22日，广西某物资总公司桂林分公司一辆汽车槽车到铁路专线装卸40多吨甲苯。由于火车与汽车槽车有4 m高的位差，装卸直接采用自流方式，用4条塑料管（两头套橡胶管）插入火车和汽车罐体，使甲苯从火车流入汽车罐体。在装第二车时，汽车司机和安全员到20多米远的站台上休息，一名装卸工因天热也离开去喝水。此时，槽车靠近尾部的装卸孔突然发生爆炸起火，塑料管被爆炸冲击波抛出罐体外，甲苯喷洒一地，槽车附近一片火海。幸亏消防车在10 min内赶到，及时扑灭大火，火车槽车基本未受损，而汽车全部被烧毁。

事故原因系装卸作业未按规定装设静电接地装置，装卸产生的静电无法及时导出，造成静电积聚过高产生静电火花，引发事故。另外，高温作业未采取必要的安全措施，而当时气温超过35℃，甲苯已挥发到相当浓度，极易引起爆炸。

（2）泄漏导走法。泄漏导走法即将静电接地，使之与大地连接，消除导体上的静电。这是消除静电最基本的方法。可以利用工艺手段对空气增湿、添加抗静电剂，使带电体的电阻率下降或规定静置时间和缓冲时间等，使所带的静电荷得以通过接地系统导入大地。

常用的静电接地连接方式有静电跨接、直接接地、间接接地三种。静电跨接是将两个以上、没有电气连接的金属导体进行电气上的连接，使相互之间大致处于相同的静电电位。直接接地是将金属体与大地进行电气上的连接，使金属体的静电电位接近于大地，简称接地。间接接地是将非金属全部或局部表面与接地的金属相连，从而获得接地的条件。一般情况下，金属导体应采用静电跨接和直接接地。在必要的情况下，为防止导走静电时电流过大，需在放电回路中串接限流电阻。

所有金属装置、设备、管道、储罐等都必须接地。不允许有与地相绝缘的金属设备或金属零部件。各专设的静电接地端子电阻应不大于 100 Ω。

不宜采用非金属管输送易燃液体。如必须采用，应采用可导电的管子或内设金属丝、网的管子，并将金属丝、网的一端可靠接地或采用静电屏蔽。

加油站管道与管道之间，如用金属法兰连接，可不另接跨接线，但必须有五个以上螺栓可靠连接。

平时不能接地的汽车槽车和槽船在装卸易燃液体时，必须在预设地点按操作规程的要求接地，所用接地材料必须在撞击时不会发生火花。装卸完毕后，必须按规定待物料静置一定时间后，才能拆除接地线。

(3) 静电中和法。静电中和法是利用静电消除器产生的消除静电所必需的离子来对异性电荷进行中和。非导体，如橡胶、胶片、塑料薄膜、纸张等在生产过程中产生的静电，应采用静电消除器消除。

3. 人体防静电措施

人体带电除了能使人遭到电击和影响安全生产外，还能在精密仪器或电子器件生产中造成质量事故。

(1) 人体接地。在人体必须接地的场所，工作人员应随时用手接触接地棒，以清除人体所带的静电。在重点防火防爆岗位场所的入口处、外侧，应有裸露的金属接地物，如采用接地的金属门、扶手、支架等。属 0 区或 1 区的爆炸危险场所，且可燃物的最小点燃能量在 0.25 mJ 以下时，工作人员应穿防静电鞋、工作服。禁止在爆炸危险场所穿脱衣服、鞋帽。

（2）工作地面导电化。特殊场所的地面，应是导电性或具备导电条件。这个要求可通过洒水或铺设导电地板来实现。

（3）安全操作。工作中应尽量不进行可使人体带电的活动，如接近或接触带电体；操作应有条不紊，避免急骤性动作；在有静电危险的场所，不得携带与工作无关的金属物品，如钥匙、硬币、手表等；合理使用规定的劳动保护用品和工具，不准使用化纤材料制作的拖布或抹布擦洗物体或地面。

## 第六节　雷电危害及防护

**要点掌握：**

雷电危害有哪些？

雷电是大气中的一种放电现象，也是正负电荷的中和过程。雷云在形成过程中，某些云积累起正电荷，另一些云积累起负电荷。随着电荷的积累，电压逐步升高，当带不同电荷的雷云互相接近到一定距离时，将发生激烈放电，出现耀眼的闪光。由于闪光时温度高达20 000℃，空气受热膨胀，发出震耳轰鸣。这就是闪电和雷鸣；有时雷云很低，在地面凸出物上将感应出异性电荷，到一定程度时也将出现雷云对地面凸出物的放电，这就是常说的雷击。

### 一、雷电的危害

1. 雷电的分类

从危害角度考虑，雷电可分为直击雷、感应雷（包括静电感应和电磁感应）和雷电侵入波三种。

（1）直击雷。直击雷是闪电直接击在建筑物其他物体、大地或防雷装置上，产生电效应、热效应和机械力。

（2）感应雷。感应雷有静电感应和电磁感应两种起因，静电感应是由于雷云接近地面，在地面感应物上感应出大量异性电荷，当雷云与其他物体放电后，凸出物顶部电荷失去束缚，产生对地面很高的静电电位，以雷电波形式沿凸出物极快泄放，此时极易产生火花放电。电磁感应是雷击时幅度和陡度都很大的雷电流，在周围空间产生迅速变化的磁场，导致附近的金属导体上感应出高电压，一旦与其他金属设备接触或接近时，则可能产生火花放电。

(3) 雷电侵入波。雷电侵入波是雷击在架空线路或金属管道上产生的冲击电压，沿着线路或管道迅速传播侵入建筑物内，危及人身安全或损坏设备。

2. 雷电破坏

雷电破坏可归纳为电性质破坏、热性质破坏和机械性质破坏三种。

(1) 电破坏。雷电放电产生极高的冲击电压，数十万伏乃至百万伏高电压可能会毁坏发电机、变压器及线路绝缘子等电气设备的绝缘，引起短路，甚至导致大规模停电。绝缘损坏会引起短路，导致火灾或爆炸事故。

(2) 热破坏。强大的雷电流通过导体时，在极短的时间内发出大量热量，产生的高温会造成易燃物燃烧或金属熔化飞溅，从而引起火灾、爆炸。

(3) 机械破坏。当强大的雷电流通过被击物时，被击物缝隙中的空气急剧膨胀，缝隙中的水分迅速蒸发，致使被击物破坏或爆裂。

3. 雷电危害

(1) 雷电感应。雷电的强大电流所产生的强大交变电磁场，会使导体感应出较大的电动势，还会在构成闭合回路的金属物中感应出电流。如回路中有地方接触电阻较大，就会局部发热或发生火花放电，可引燃易燃、易爆物品。

(2) 雷电侵入波。雷电在架空线路、金属管道上会产生冲击电压，使雷电波沿线路或管道迅速传播。若侵入建筑物内，可将配电装置和电气线路的绝缘层击穿，产生短路或使建筑物内易燃、易爆物品燃烧和爆炸。

(3) 反击作用。当防雷装置受雷击时，在接闪器引下线和接地体上部具有很高的电压，如果防雷装置与建筑物的电气设备、电气线路或其他金属管道的距离很近，它们之间就会产生放电，这种现象称为反击。反击可能导致电气设备绝缘受到破坏，金属管道烧穿。

(4) 雷电对人体的危害。雷击电流迅速通过人体，可立即使呼吸中枢麻痹，心室纤颤，心搏骤停，致使脑组织及一些主要脏器受到严重损害，出现休克或突然死亡。雷击时产生的火花、电弧，还可以使人遭到不同程度的烧伤。

## 二、防雷技术

### 1. 防雷装置

防雷装置包括接闪器、引下线、接地装置、电涌保护器及其他连接导体。

(1) 接闪器。用于直接接受雷击的金属体，如避雷针、避雷线、避雷带、避雷网。一般安装在被保护设施的上方，它更接近于雷云，雷云首先对接闪器放电，使强大的雷电流沿接闪器、引下线和接地装置导入大地，从而使被保护设施免遭雷击。

(2) 引下线。应满足机械强度、耐腐蚀和热稳定的要求，通常采用圆钢或扁钢制成，并采取镀锌或刷漆等防腐措施，绝对不可采用铝线作引下线。

引下线应取最短途径，尽量避免弯曲，并每隔 1.5～2 m 设 1 个固定点加以固定。可以利用建筑物的金属结构作为引下线，但金属结构的连接点必须焊接可靠。

引下线在地面以上 2 m 至地面以下 0.2 m 的一段应该用角钢、钢管、竹管或塑料管等加以保护，角钢、钢管应与引下线连接，以减小通过雷电流时的电抗。

(3) 接地装置。接地装置具有向大地泄放雷电流的作用。接地装置与接闪器一样应有防腐要求，接地体一般采用镀锌钢管或角钢制作，其长度宜为 2.5 m，垂直打入地下，其顶端低于地面 0.6 m。接地体之间用圆钢或扁钢焊接，并采用沥青漆防腐。

(4) 电涌保护器。电涌保护器也叫过电压保护器。是一种限制瞬态过电压和分走电涌电流的器件。

2. 防雷基本措施

(1) 防直击雷。防直击雷的主要措施是装设避雷针、避雷线、避雷网和避雷带。

**真实案例：**

某厂装置有 3 台甲醇罐，罐上安装了呼吸阀，旁边有一个检尺口，呼吸阀每年进行例行检查。7 月末的一天上午，操作工正从槽车往罐里卸甲醇。突然，狂风大作，雷声隆隆，暴雨顷刻即至。操作工立即关闭阀门，停止卸车。但雷击仍在管线和罐区肆虐。突然，一个火球在中间的甲醇罐顶上闪过，罐顶立即着火，引发一场火灾。

事故原因系防直击雷装置安装不妥当，对排放有爆炸危险蒸汽或粉尘的放散管、呼吸阀、排风管等，罐顶或其附近避雷针针尖宜高出罐顶 3 m 以上，保护范围应高出罐顶 2 m 以上。另外，呼吸阀也应与罐体进行跨接，使其良好接地。

1) 避雷针。避雷针分独立和附设两种。独立避雷针是离开建筑物单独安装的，其接地装置一般也是独立的，接地电阻一般不超过 10 Ω。严格禁止通信线、广播线和低压线架设在避雷针构架上。独立避雷针构架上若装有照明灯，其电源线应采用金属护套电缆或穿铁管，并将其埋在地中长度 10 m 以上，深度 0.5～0.8 m，然后才能引进室内。附设安装在建筑物上的避雷针，其接地装置可以与其他接地装置共用，可以沿建筑物四周敷设。附设避雷针与建筑物顶部的其他接闪器应互相连接起来。

露天装设的金属封闭容器，其壁厚大于 4 mm 时，一般可以不装避雷针，而利用金属容器本身做接闪器，但至少作两个接地点，其间距应不大于 30 m。

避雷针的高度和支数，应按不同保护对象和保护范围选择。太高的避雷针往往起不到预期的效果，反而增加了雷击的概率。

2）避雷线。避雷线主要用来保护架空线路免受直接雷破坏。它架设在架空线的上方，并与接地装置连接，所以也称架空地线。

3）避雷带和避雷网。它能保护面积较大的建筑物避免直击雷。在避雷带和避雷网下方的被保护物，一般均能得到很好保护，不必计算其保护范围。避雷带一般可取两带间距为 6～10 m。避雷网的网格边长一般可取 6～12 m。易受雷击屋脊、屋角、屋檐等处应设避雷带加以保护。

(2) 防电磁感应及雷电波入侵。雷电感应能产生很高的冲击电压，在电力系统中应与其他过电压同样考虑，在化工厂主要考虑放电火花引起的火灾和爆炸。

为防止雷电感应产生的高电压放电，应将建筑物内的金属设备、金属管道、钢筋构架、电缆钢铠外皮以及金属屋顶等均作等电位良好接地，钢筋混凝土层面应将钢筋焊接成避雷网，并每隔 18～24 m 采用引下线与接地装置连接。

金属管道和架空电线遭到雷击产生的高电压若不能就近导入地下，则必沿着管道或线路，传入相连接的设施，危害人身和设备。因此防雷电侵入波危害的主要措施是在雷电波未侵入前先将其导入地下。具体措施有：

1）架空管道进厂房处及邻近 100 m 内，采取 2～4 处接地措施。

2）在架空电力线路的进户端安装避雷器，避雷器的上端接线路，下端接地。平时避雷器的绝缘间隙保持绝缘状态，不影响电力线路的正常运行。当雷电波传来时，避雷器的间隙被高电压击穿而接地，雷电波就不能侵入设施。雷击后，避雷器的间隙恢复绝缘状态，电力系统仍然正常工作。

3）建筑物的进出线应分类集中布线，穿金属管保护并与其他金属体做等电位连接。

4）对建筑物内电子设备分区保护、层层设防，通过接闪、分流、接地、防闪络、屏蔽等电位及合理布线等措施，将雷电侵入途径分割若干能量区域并使冲击能量逐次减小到保护目的。

# 第四章　危险化学品包装与运输

**学习目标：**

1. 了解危险化学品包装类别和基本要求。
2. 了解危险化学品包装容器。
3. 掌握危险化学品包装储运图示标志和包装标志。
4. 了解危险化学品运输知识。

工业产品的包装是现代工业不可缺少的组成部分。一种产品从生产到流通至使用者手中，要经过多次装卸、储存、运输的过程。在这个过程中，产品将不可避免地受到碰撞、跌落、冲击和振动。一个好的包装，将会很好地保护产品，减少运输过程中的破损，使产品安全地到达用户手中。这一点，对于危险化学品尤为重要。包装方法得当，就会降低储存、运输中的事故发生率，否则，就会有可能导致重大事故。化学品包装是化学品储运安全的基础。为了加强危险化学品的包装的管理，国家制定了一系列相关法律、法规和标准，如 2002 年 3 月 15 日施行的《危险化学品安全管理条例》（以下简称《条例》）对危险化学品包装的定点、使用和监督检查都作了具体规定；2002 年 11 月 15 日，国家经贸委第 37 号令颁布实施《危险化学品包装物、容器定点生产管理办法》，对危险化学品包装物、容器定点企业的基本条件、申请申报的材料、审批、监督管理和违规处罚做了详细规定，以切实加强危险化学品包装物、容器生产的管理，保证危险化学品包装物、容器的质量，保证危险化学品储存、搬运、运输和使用安全。

**真实案例：**

1997 年 1 月，巴基斯坦曾发生一起严重氯气泄漏事故，一卡车在运输瓶装氯气时，由于车辆颠簸，致使液氯钢瓶剧烈撞击，引起瓶体的破裂，导致大量氯气泄漏，造成多人中毒。后经检验，原因是钢瓶材质严重不符合要求，从而为运输安全留下了事故隐患。

**真实案例：**

1997 年 3 月 18 日凌晨，我国广西一辆满载 10 吨 200 桶氰化钠剧毒品的大卡车在梧州市翻入桂江，由于包装严密，打捞及时，包装无一破损，避免了一场严重的泄漏污染事故。

**知识链接**

氰化钠属剧毒化学品，白色或灰色粉末状结晶，有微弱的氰化氢气味。吸入或口服均可引起急性中毒，大剂量接触可引起骤死。如受高热或与酸接触会产生剧毒的氰化物气体，与硝酸盐、亚硝酸盐、氯酸盐反应剧烈，有发生爆炸的危险。

## 第一节　危险化学品包装类别及要求

**要点掌握：**

1. 危险化学品包装分为几类？

2. 危险化学品包装有哪些要求？

### 一、常用包装术语

1. 危险货物运输包装

根据危险货物的特性，按照有关标准和法规，专门设计制造的运输包装。

2. 气密封口

容器经过封口后，封口处不外泄气体的封闭形式。

3. 液密封口

容器经过封口后，封口处不渗漏液体的封闭形式。

4. 严密封口

容器经过封口后，封口处不外漏固体的封闭形式。

5. 小开口桶

桶顶开口直径不大于 70 mm 的桶，称为小开口桶。

6. 全开口桶

桶顶可以全开的桶，称为全开口桶。

7. 复合包装

由一个外包装和一个内容器（或复合层）组成一个整体的包装，称为复合包装。

### 二、危险化学品包装的有关规定

《条例》第五条规定：国家经济贸易管理部门负责全国危险化学品包装物、容器专业生产企业的审查和定点，但现在由国家安全生产监督管理局负责行使；质检部门负责发放危险化学品及其包装物、容器的生产许可证，负责对危险化学品包装物、容器的产品质量实施监督，并负责前述事项的监督检查。

《条例》第二十条规定：危险化学品的包装必须符合国家法律、法规、规章的规定和国家标准的要求；危险化学品包装的材质、型式、规格、方法和单件质量（重量），应当与所包装的危险化学品的性质和用途相适应，便于装卸、运输和储存。

《条例》第二十一条规定：危险化学品的包装物、容器，必须由省、自治区、直辖市人民政府经济贸易管理部门审查合格的专业生产企业定点生产，并经国务院质检部门认可的专业检测、检验机构检测、检验合格，方可使用；重复使用的危险化学品包装物、容器在使用前，应当进行检查，并做出记录；检查记录应当至少保存 2 年；质检部门应当对危险化学品的包装物、容器的产品质量进行定期的或者不定期的检查。

《条例》第三十六条规定：用于危险化学品运输工具的槽罐以及其他容器，必须依照本条例第二十一条的规定，由专业生产企业定点生产，并经检测、检验合格，方可使用；质检部门应当对专业生产企业定点生产的槽罐以及其他容器的产品质量进行定期的或者不定期的检查。

《条例》第五十九条规定了违背前面条款规定将承担相应的法律责任。

## 三、包装类别

危险化学品的包装（除 1 类：爆炸品；2 类：压缩气体和液化气体；4.2 类：自燃物品；5 类：氧化剂和有机过氧化物以外）按其危险程度划分为三个包装类别：

Ⅰ类包装：货物具有大的危险性，包装强度要求高。

Ⅱ类包装：货物具有中等危险性，包装强度要求较高。

Ⅲ类包装：货物具有小的危险性，包装强度要求一般。

应当按照危险化学品的不同类项及有关的定量值确定其包装

类别。除某些特殊的化学品包装有另行规定外，一般可以按照表4—1选择危险化学品的包装类别。

**表4—1　　选择危险化学品的包装类别**

<table>
<tr><th>序号</th><th colspan="2">危险化学品</th><th>选择的包装类别</th></tr>
<tr><td>1</td><td colspan="2">第1类　爆炸品</td><td>爆炸品所使用的包装容器，除另有规定外，其强度应符合Ⅱ类标准</td></tr>
<tr><td rowspan="2">2</td><td rowspan="2">第2类 压缩气体和液化气体</td><td>盛装压缩气体和液化气体的钢瓶</td><td>符合原劳动和社会保障部颁布的《气瓶安全监察规程》</td></tr>
<tr><td>盛装乙炔气的钢瓶</td><td>符合原劳动和社会保障部颁布的《溶解乙炔气瓶安全监察规程》</td></tr>
<tr><td rowspan="3">3</td><td rowspan="3">外包装为木箱或纸箱，内容器为安瓿瓶或装有压缩气体和液化气体的容器</td><td>2.1项　易燃气体 品名编号：21001～21999</td><td>Ⅱ类包装</td></tr>
<tr><td>2.2项　不燃气体 品名编号：22001～22999</td><td>Ⅲ类包装</td></tr>
<tr><td>2.3项　有毒气体 品名编号：23001～23999</td><td>Ⅱ类包装</td></tr>
<tr><td rowspan="3">4</td><td rowspan="3">第3类 易燃液体</td><td>3.1项　低闪点液体（闪点<−18℃、初沸点<35℃）<br>品名编号：31001～31999</td><td>Ⅰ类包装</td></tr>
<tr><td>3.2项　中闪点液体（−18℃<闪点<35℃）<br>品名编号：32001～32999</td><td>Ⅱ类包装</td></tr>
<tr><td>3.3项　高闪点液体（23℃<闪点<61℃）<br>品名编号：33001～33999</td><td>Ⅲ类包装</td></tr>
</table>

续表

| 序号 | 危险化学品 | | | 选择的包装类别 |
|---|---|---|---|---|
| 5 | 第 4 类 易燃固体、自燃物品和遇湿易燃物品 | 4.1 项 易燃固体 | 一级易燃固体 品名编号：41001～41500 | Ⅱ类包装 |
| | | | 二级易燃固体 品名编号：41501～41999 | Ⅲ类包装 |
| | | | 致敏爆炸品 | Ⅰ类或Ⅱ类包装 |
| | | | 自反应物质 | Ⅱ类包装 |
| | | 4.2 项 自燃物品 | 一级自燃物品 品名编号：42001～42500 | Ⅰ类包装 |
| | | | 二级自燃物品 品名编号：42501～42999 | Ⅱ类包装 |
| | | | 二级自燃物品中含油、含水纤维或碎屑类物质 | Ⅲ类包装 |
| | | | 小的自热物质 | Ⅰ类或Ⅱ类包装 |
| | | 4.3 项 遇湿易燃物品 | 一级遇湿易燃物品品名编号 | Ⅰ类包装 |
| | | | 二级遇湿易燃物品品名编号 | Ⅱ类包装 |
| | | | 二级遇湿易燃物品中危险性小的物品 | Ⅲ类包装 |
| 6 | 第 5 类 氧化剂和有机过氧化剂 | 5.1 项 氧化剂 | 一级氧化剂 品名编名：51001～51500 | Ⅰ类包装 |
| | | | 二级氧化剂 品名编号：51501～51999 | Ⅱ类包装 |
| | | | 二级氧化剂中危险性小的物品 | Ⅲ类包装 |
| | | 5.2 项 有机过氧化剂 | | Ⅰ类包装 |

续表

<table>
<tr><th>序号</th><th colspan="3">危险化学品</th><th>选择的包装类别</th></tr>
<tr><td rowspan="5">7</td><td rowspan="5">第 6 类 毒害品和感染性物品</td><td rowspan="4">6.1 项 毒害品</td><td>一级毒害品<br>品名编号：61001～61500</td><td>按毒性不同，选择Ⅰ类包装或Ⅱ类包装</td></tr>
<tr><td>二级毒害品<br>品名编号：61501～61999</td><td>按毒性不同，选择Ⅱ类包装或Ⅲ类包装</td></tr>
<tr><td>闪点<23℃的液态一级毒害品</td><td>Ⅰ类包装</td></tr>
<tr><td>闪点<23℃的二级毒害品</td><td>Ⅱ类包装</td></tr>
<tr><td colspan="2">6.2 项　感染性物品</td><td>所使用的包装容器、包装类别与运输主管部门商定</td></tr>
<tr><td>8</td><td colspan="3">第 7 类　放射性物品</td><td>符合 GB 11806 标准，并与运输主管部门商定</td></tr>
<tr><td rowspan="5">9</td><td rowspan="5">第 8 类 腐蚀品</td><td rowspan="2">8.1 项 酸性腐蚀品</td><td>一级酸性腐蚀品<br>品名编号：81001～81500</td><td>Ⅰ类包装</td></tr>
<tr><td>二级酸性腐蚀品<br>品名编号：81501～81999</td><td>Ⅱ类包装</td></tr>
<tr><td rowspan="2">8.2 项碱性腐蚀品</td><td>一级碱性腐蚀品<br>品名编号：82000～82500</td><td>Ⅱ类包装</td></tr>
<tr><td>二级碱性腐蚀品<br>品名编号：82501～82999</td><td>Ⅲ类包装</td></tr>
<tr><td colspan="2">8.3 项　其他腐蚀品</td><td>Ⅲ类包装</td></tr>
<tr><td>10</td><td colspan="3">第 9 类　杂类</td><td>与运输主管部门商定</td></tr>
</table>

注：本表中危险化学品的类、项及品名编号请参见《危险货物分类和品名编号》（GB 6944—86）及《危险货物品名表》（GB 12268—90）。

## 四、包装的基本要求

**真实案例：**

2000 年 10 月 24 日，福建省龙岩市上杭县 205 国道至紫金山矿矿区公路上，发生了一起氰化钠汽车槽车倾覆山涧的严重化学品泄漏事故，8 t 剧毒化学品氰化钠溶液泄漏并流入小溪，引起 90 多名村民中毒，造成经济损失 300 多万元。

1. 危险货物运输包装应结构合理，具有一定强度，防护性能好。包装的材质、形式、规格、方法和单件质量（重量），应与所装危险货物的性质和用途相适应，并便于装卸、运输和储存。

2. 包装应质量良好，其构造和封闭形式应能承受正常运输条件下的各种作业风险，不应因温度、湿度或压力的变化而发生任何渗（撒）漏，包装表面应清洁，不允许黏附有害的危险物质。

3. 包装与内装物直接接触部分，必要时应有内涂层或进行防护处理，包装材质不得与内装物发生化学反应而形成危险产物或导致削弱包装强度。

4. 内容器应固定。如属易碎性的应使与内装物性质相适应的衬垫材料或吸附材料衬垫妥实。

5. 盛装液体的容器，应能经受在正常运输条件下产生的内部压力。灌装时必须留有足够的膨胀余量（预留容积），除另有规定外，并应将温度保证在 55℃时，内装液体不致完全充满容器。

6. 包装封口应根据内装物性质采用严密封口、液密封口或气密封口。

7. 盛装需要浸湿或加有稳定剂的物质时，其容器封闭形式应能有效地保证内装液体（水、溶剂和稳定剂）的百分比，在储运期间保持在规定的范围以内。

8. 在降压装置的包装，其排气孔设计和安装应能防止内装物泄漏和外界杂质进入，排出的气体量不得造成危险和污染环境。

9. 复合包装的内容器和外包装应紧密贴合，外包装不得有擦伤内容器的凸出物。

10. 无论是新型包装、重复包装，还是修理过的包装，均应符合危险货物运输包装性能试验要求。

11. 盛装爆炸品包装的附加要求

(1) 盛装液体爆炸品容器的封闭形式，应具有防止渗漏的双重保护。

(2) 除内包装能充分防止爆炸品与金属物接触外，铁钉和其他没有防护涂料的金属部件不得穿透外包装。

(3) 双重卷边接合的钢桶，金属桶或以金属做衬里的包装箱，应能防止爆炸物进入隙缝，钢桶或铝桶的封闭装置必须有合适的垫圈。

(4) 包装内的爆炸物质和物品，包括内容器，必须衬垫妥实，在运输过程中不得发生危险性移动。

(5) 盛装有对外部电磁辐射敏感的电引发装置的爆炸物品，包装应具备防止所装物品受外部电磁的辐射源影响的功能。

12. 常用危险货物运输包装的组合形式，标准代号，限制重量见表 4—2。

**表 4—2　　　常用的危险货物运输包装**

| 包装号 | 包装组合形式 | | 包装组合代号 | 适用货类 | 包装件限制重量 | 备注 |
|---|---|---|---|---|---|---|
| | 外包装 | 内包装 | | | | |
| 1<br>甲<br>乙<br>丙<br>丁 | 小开口钢桶：<br>钢板厚 1.50 mm<br>钢板厚 1.25 mm<br>钢板厚 1.00 mm<br>钢板厚＞0.5～0.75 mm | | $1A_1$ | 液体货物 | 每桶净重不超过：<br>250 kg<br>200 kg<br>100 kg<br>200 kg（一次性作用） | 灌装腐蚀性物品钢桶内壁应涂镀防腐层 |

续表

| 包装号 | 包装组合形式 | | 包装组合代号 | 适用货类 | 包装件限制重量 | 备注 |
|---|---|---|---|---|---|---|
| | 外包装 | 内包装 | | | | |
| 2<br>甲<br>乙<br>丙<br>丁<br>戊 | 中开口钢桶：<br>钢板厚 1.25 mm<br>钢板厚 1.00 mm<br>钢板厚 0.75 mm<br>钢板厚 0.50 mm<br>钢桶或镀锡薄钢板桶（罐） | 塑料袋或多层牛皮纸袋 | $1A_25H_4$<br>$1A_25M_1$<br>$1A_25M_2$<br>$1A_2$<br>$1N_2$<br>$3N_2$ | 固体、粉状及晶体状货物<br>稠黏状、胶状货物 | 每桶净重不超过：<br>250 kg<br>150 kg<br>100 kg<br>50 kg 或 20 kg<br>50 kg 或 20 kg | |
| 3<br>甲<br>乙<br>丙<br>丁 | 全开口钢桶：<br>钢板厚 1.25 mm<br>钢板厚 1.00 mm<br>钢板厚 0.75 mm<br>钢板厚>0.50 mm | 塑料袋或多层牛皮纸袋 | $1A_35H_4$<br>$1A_35M_4$<br>$1A_35M_3$<br>$1A_3$ | 固体、粉状及晶体状货物 | 每桶净重不超过：<br>250 kg<br>150 kg<br>100 kg<br>50 kg | |
| 4<br>甲<br>乙 | 钢塑复合桶：<br>钢板厚 1.25 mm<br>钢板厚 1.00 mm | | $6HA_1$ | 腐蚀性液体货物 | 每桶净重不超过：200 kg<br>50 kg 或 100 kg | |
| 5 | 小开口铝桶：<br>铝板厚>2 mm | | $1B_1$ | 液体货物 | 每桶净重不超过：200 kg | |
| 6 | 纤维板桶<br>胶合板桶<br>硬纸板桶 | 塑料袋或多层牛皮纸袋 | | | | |
| 7 | 小开口塑料桶 | | $1H_1$ | 腐蚀性液体货物 | 每桶净重不超过：35 kg | |
| 8 | 全开口塑料桶 | 塑料袋或多层牛皮纸袋 | $1H_35H_4$<br>$1H_35M_1$ | 固体、粉状及晶体货物状 | 每桶净重不超过：50 kg | |

续表

| 包装号 | 包装组合形式 | | 包装组合代号 | 适用货类 | 包装件限制重量 | 备注 |
|---|---|---|---|---|---|---|
| | 外包装 | 内包装 | | | | |
| 9 | 满板木箱 | 塑料袋<br>多层牛皮袋 | $4C_15H_4$<br>$4C_15M_1$ | 固体、粉状及晶体货物状 | 每桶净重不超过：50 kg | |
| 10 | 满板木箱 | 1. 中层金属桶内装：<br>螺纹口玻璃瓶<br>塑料瓶<br>塑料袋<br>2. 中层金属罐内装：<br>螺纹口玻璃瓶<br>塑料瓶<br>塑料袋<br>3. 中层塑料桶内装：<br>螺纹口玻璃瓶<br>塑料瓶<br>塑料袋<br>4. 中层塑料罐内装：<br>螺纹口玻璃瓶<br>塑料瓶<br>塑料袋 | $4C_11N_39P_1$<br>$4C_11N_39H$<br>$4C_11N_35H_4$<br>$4C_13N_39P_1$<br>$4C_13N_39H$<br>$4C_13N_35H_4$<br>$4C_11H_39P_1$<br>$4C_11H_39H$<br>$4C_11H_35H_4$<br>$4C_13H_39P_1$<br>$4C_13H_39H$<br>$4C_13H_35H_4$ | 强氧化剂，过氧化物，氯化钠，氯化钾货物 | 每桶净重不超过：20 kg<br>箱内：每瓶净重不超过1 kg，每袋净重不超过2 kg | |

续表

| 包装号 | 包装组合形式 | | 包装组合代号 | 适用货类 | 包装件限制重量 | 备注 |
|---|---|---|---|---|---|---|
| | 外包装 | 内包装 | | | | |
| 11 | 满板木箱 | 螺纹口或磨砂口玻璃瓶 | $4C_19P_1$ | 液体强酸货物 | 每桶净重不超过：20 kg<br>箱内：每瓶净重不超过0.5～5 kg | |
| 12 | 满板木箱 | 1. 螺纹口玻璃瓶<br>2. 金属盖压口玻璃瓶<br>3. 塑料瓶<br>4. 金属桶（罐） | $4C_19P_1$<br>$4C_19P_1$<br>$4C_19H$<br>$4C_11N$<br>$4C_13N$ | 液体、固体粉状及晶体货物 | 每桶净重不超过：20 kg<br>箱内：每瓶、桶（罐）净重不超过1 kg | |
| 13 | 满板木箱 | 安装瓶外加瓦楞纸套或塑料气泡垫，再装入纸盒 | $4C_1G9P_3$<br>$4C_1H9P_3$ | 气体、液体货物 | 每箱净重不超过10 kg<br>箱内：每瓶净重不超过0.25 kg | |
| 14 | 满板木箱或半花格木箱 | 耐酸坛或陶瓷瓶 | $4C_19P_2$<br>$4C_39P_2$ | 液体强酸货物 | 1. 坛装每箱净重不超过50 kg<br>2. 瓶装每箱净重不超过30 kg | |

续表

| 包装号 | 包装组合形式 | | 包装组合代号 | 适用货类 | 包装件限制重量 | 备注 |
|---|---|---|---|---|---|---|
| | 外包装 | 内包装 | | | | |
| 15 | 满板木箱或半花格木箱 | 玻璃瓶或塑料桶 | $4C_11H_2$<br>$4C_19P_1$<br>$4C_31H_1$<br>$4C_39P_1$ | 液体酸性货物 | 1. 瓶装每箱净重不超过30 kg，每瓶不超过25 kg<br>2. 桶装每箱净重不超过40 kg，每桶不超过20 kg | |
| 16 | 花格木箱 | 薄钢板桶或镀锡薄钢板桶（罐） | $4C_41A_2$<br>$4C_41N$<br>$4C_43N$ | 稠黏状、胶状货物如：油漆 | 1. 每箱净重不超过50 kg<br>2. 每桶（罐）净重不超过20 kg | |
| 17 | 花格木箱 | 金属桶（罐）或塑料桶，桶内衬塑料袋 | $4C_41N5H_4$<br>$4C_43N5H_4$<br>$4C_41H_25H_4$ | 固体、粉状及晶体状货物 | 每箱净重不超过20 kg | |
| 18 | 满底板花格木箱 | 螺纹口玻璃瓶、塑料瓶或镀锡薄钢板桶（罐） | $4C_29P_1$<br>$4C_29H$<br>$4C_21N$<br>$4C_23N$ | 稠黏状、胶状及粉状货物 | 每箱净重不超过：20 kg<br>箱内：每瓶、桶（罐）净重不超过1 kg | |
| 19 | 纤维板箱<br>锯末板箱<br>蚀花板箱 | 螺纹口玻璃瓶、塑料瓶或镀锡薄钢板桶（罐） | $4F9P_1$<br>4F9H<br>4F1N<br>4F3N | 固体、粉状及晶体状货物，稠黏状、胶状货物 | 每箱净重不超过20 kg<br>箱内：每瓶净重不超过1 kg；每桶（罐）净重不超过4 kg | |

续表

| 包装号 | 包装组合形式 | | 包装组合代号 | 适用货类 | 包装件限制重量 | 备注 |
|---|---|---|---|---|---|---|
| | 外包装 | 内包装 | | | | |
| 20 | 钙塑板箱 | 螺纹口玻璃瓶<br>塑料瓶<br>复合塑料瓶<br>金属桶（罐）、镀锡薄钢板桶或金属软管再装入纸盒 | $4G_3 9P_1$<br>$4G_3 9H$<br>$4G_3 3N$<br>$4G_3 5N4M$ | 液体农药、稠黏状、胶状货物 | 每箱净重不超过 20 kg<br>箱内：每桶（罐）、瓶、管不超过 1 kg | |
| 21 | 钙塑板箱 | 双层塑料袋或多层牛皮纸袋 | $4G_3 5H_4$<br>$4G_3 5M_1$ | 固体、粉状农药 | 每箱净重不超过 20 kg<br>箱内：每袋净重不超过 5 kg | |
| 22 | 瓦楞纸箱 | 金属桶（罐）、镀锡薄钢板桶金属软管 | $4G_1 1N$<br>$4G_1 3N$<br>$4G_1 5N$ | 稠黏状、胶状货物 | 每箱净重不超过 20 kg<br>箱内：每桶（罐）、管不超过 1 kg | |
| 23 | 瓦楞纸箱 | 塑料瓶<br>复合塑料瓶<br>双层塑料袋<br>多层牛皮纸袋 | $4G_1 9H$<br>$4G_1 6H9$<br>$4G_1 5H_4$<br>$4G_1 5M_1$ | 粉状农药 | 每箱净重不超过 20 kg<br>箱内：每瓶不超过 1 kg；每袋不超过 5 kg | |
| 24 | 以柳、藤、竹等材料编制的笼、篓、筐 | 螺纹口玻璃瓶<br>塑料瓶<br>镀锡薄钢板桶（罐） | $8K9P_1$<br>8K9H<br>8K3N<br>8K1N | 低毒液体或黏状农药，稠黏状、胶状货物，油纸制品和油麻丝 | 每笼、篓、筐净重不超过 20 kg；油漆类每桶（罐）净重不超过5 kg；每瓶不超过 1 kg | |

续表

| 包装号 | 包装组合形式 | | 包装组合代号 | 适用货类 | 包装件限制重量 | 备注 |
|---|---|---|---|---|---|---|
| | 外包装 | 内包装 | | | | |
| 25 | 塑料编织袋 | 塑料袋 | $5H_1 5H_4$ | 粉状、块状货物 | 每袋净重不超过 50 kg | |
| 26 | 复合塑料编织袋 | | 6HL5 | 块状、粉状及晶体状货物 | 每袋净重 25～50 kg | |
| 27 | 麻袋 | 塑料袋 | $5L_1 5H_4$ | 固体货物 | 每袋净重不超过 100 kg | |

注：包装组合代号的补充说明：

$1A_1$——小开口钢桶

$1A_2$——中开口钢桶

$1A_3$——全开口钢桶

$1N_1$——小开口金属桶

$3N_3$——全开口金属罐

$1B_1$——小开口铝桶

$3B_2$——中开口铝罐

$1H_1$——小开口塑料桶

$1H_3$——全开口塑料桶

$3H_1$——小开口塑料罐

$3H_3$——全开口塑料罐

$4C_1$——满板木箱

$4C_2$——满底板花格木箱

$4C_3$——半花格型木箱

$4C_4$——花格型木箱

$4G_1$——瓦楞纸箱

$4G_2$——硬纸板箱

$4G_3$——钙塑板箱

$5L_1$——普通型编织袋

6HL5——复合塑料编织袋

$5H_1$——普通型塑料编织袋

$5H_2$——防撒漏型塑料编织袋

$5H_3$——防水型塑料编织袋

$5H_4$——塑料袋

$5M_1$——普通型纸袋

$5M_3$——防水型纸袋

$9P_1$——玻璃瓶

$9P_2$——陶瓷坛

$9P_3$——安瓿瓶

## 第二节 危险化学品包装容器

**要点掌握：**

金属包装包括哪些类别？

危险化学品包装物、容器是根据危险化学品的特性，按照有关法规、标准专门设计制造的，用于盛装危险化学品的桶、罐、瓶、箱、袋等包装物和容器。

**真实案例：**

1993 年 6 月中旬，陕西省汉中地区某水库管理局需要将一批硅铁运出。经铁路部门安排车次，装货完毕后，水库管理局安排 4 名工人作为铁路押运员，随车押运。不料在押运途中，4 名押运员却神秘中毒，其中 3 人经抢救无效死亡，1 人重伤住院治疗。

通过现场勘验和仔细分析尸检报告，终于查明了事故的真相：造成押车人中毒死亡的真正“元凶”，正是发运的硅铁中释放出的磷化氢和砷化氢气体。

**知识链接**

磷化氢是一种无色具有特殊蒜臭味的气体，主要作用于中枢神经系统、呼吸系统、心血管系统及肝、肾，其中以中枢神经系统最易受害且最为严重，当空气中磷化氢体积分数为 $7\times10^{-6}$ 时，人接触 6 h 就会出现中毒症状；达到 $4\times10^{-4}$ 时，接触 30～60 min 有生命危险；达到 $1\times10^{-3}$ 时，人只要接触就会立即死亡。

砷化氢为无臭或略有蒜臭味的无色气体。砷化氢主要经呼吸道吸入，是一种剧烈的溶血毒物，对人的致死量仅为 0.1～0.15 g。

## 一、金属包装

1. 钢（铁）桶

（1）桶端应采用焊接或双重机械卷边，卷边内均匀填涂封缝胶。桶身接缝，除盛装固体或 40 L 以下（包括 40 L）的液体桶可采用焊接或机械接缝处，其余均应焊接。

（2）桶的两端凸缘应采用机械接缝或焊接，也可使用加强箍。

（3）桶身应有足够的刚度，容积大于 60 L 的桶，桶身应有两道模压外凸筋，或两道与桶身不相连的钢质滚箍套在桶身上，使其不得移动。滚箍采用焊接固定时，不允许点焊，滚箍焊缝与桶身焊缝不得重叠。

（4）最大容积为 450 L。

（5）最大净重为 400 kg。

2. 铝桶

（1）制桶材料应选用纯度至少为 99%的铝，或具有抗腐蚀和合适机械强度的铝合金。

（2）桶的全部接缝必须采用焊接，如有凸边接缝应用与桶不相连的加强箍予以加强。

（3）容积大于 60 L 的桶，至少有两个与桶身不相连的金属滚箍在桶身上，使其不得移动。滚箍采用焊接固定时，不允许点焊，滚箍焊缝与桶身焊缝不得重叠。

（4）最大容积为 450 L。

（5）最大净重为 400 kg。

3. 钢罐

（1）钢罐两端应焊接或双重机械卷边。40 L 以上的罐身接缝应采用焊接；40 L 以下（包括 40 L）的罐身接缝可采用焊接或双重机械卷边。

（2）最大容积为 60 L。

（3）最大净重为 120 kg。

4. 钢箱

（1）箱体一般应采用焊接或铆接。花格型箱如采用双重卷边接合，应防止内装进入接缝的凹槽处。

（2）封闭装置应采用合适的类型，在正常运输条件下保持紧固。

（3）最大净重为 400 kg。

## 二、木质包装

1. 胶合板桶

（1）胶合板所用材料应质量良好，板层之间应用抗水黏合剂按交叉纹理粘接，经干燥处理，不得有降低其预定效能的缺陷。

（2）桶身至少用三合板制造。若使用胶合板以外的材料制造桶端，其质量应与胶合板等效。

（3）桶身内缘应有衬肩。桶盖的衬层应牢固地固定在桶盖上，并能有效地防止内装物撒漏。

（4）桶身两端应用钢带加强。必要时桶端应用十字形木撑予以加固。

（5）最大容积为 250 L。

（6）最大净重为 400 kg。

2. 木琵琶桶

（1）所用木材应质量良好，无节子、裂缝、腐朽、边材或其他可能降低木桶预定用途效能的缺陷。

（2）桶身应用若干道加强箍加强。加强箍应选用质量良好的材料制造，桶端应紧密地镶在桶身端槽内。

（3）最大容积为 250 L。

（4）最大净重为 400 kg。

3. 天然木箱

（1）箱体应有与容积和用途相适应的加强条挡和加强带。箱顶和箱底可用抗水的再生木板、硬质纤维板、塑料板或其他合适的材料制成。

（2）满板型木箱各部位应为一块板或与一块板等效的材料组成。平板榫接、搭接、槽舌接，或者在每个接合处至少用两个波纹金属扣件对头连接等，均可视作与一块板等效的材料。

（3）最大净重 400 kg。

## 三、纸质包装

1. 纸袋

（1）袋的材料应选用质量良好的多层牛皮或与牛皮纸等效的纸制成，并应具有足够强度和韧性。

（2）袋的接缝和封口应牢固、密封性能好，并在正常运输条件下保持其效能。

（3）最大净重为 50 kg。

2. 硬纸板桶

（1）桶身应用多层牛皮纸黏合压制成的硬纸板制成。桶身外表面应涂有抗水能力良好的防护层。

（2）桶端若采用与桶身相同材料制造，也可用其他等效材料制造。

（3）桶端与桶身的结合处应用钢带卷边压制接合。

（4）最大容积为 450 L。

（5）最大净重为 400 kg。

3. 硬纸板箱、瓦楞纸箱、钙塑板箱

（1）硬纸板箱或钙塑板箱应有一定抗水能力。硬纸板箱、瓦楞纸箱、钙塑板箱还应具有一定的弯曲性能，切割、折缝时应无裂缝，装配时无破裂或表皮断裂或过度弯曲，板层之间黏合牢固。

（2）箱体接合处，应用胶带粘贴、搭接胶合，或者搭接并用钢钉或 U 形钉钉合。搭接处应有适当的重叠。如封口采用胶合或胶带粘贴，应使用抗水胶合剂。

（3）钙塑板箱外部表层应具有防滑性能。

（4）最大净重为 400 kg。

**四、塑料包装**

1. 塑料袋

（1）袋的材料应用质量良好的塑料制成，接缝和封口应牢固、密闭性能好，有足够强度，并在正常运输条件下能保持其效能。

（2）最大净重为 50 kg。

2. 塑料桶、塑料罐

（1）所用材料能承受正常运输条件下的磨损、撞击、温度、光照及老化作用的影响。

(2) 材料内可加入合适的紫外线防护剂，但应与桶（罐）内装物性质相容，并在使用期内保持其效能。用于其他用途的添加剂，不得对包装材料的化学和物理性质产生有害作用。

(3) 桶（罐）身任何一点厚度均应与桶（罐）的容积、用途和每一点可能受到的压力相适应。

(4) 最大容积：塑料桶为 450 L；
塑料罐为 60 L。

(5) 最大净重：塑料桶为 400 kg；
塑料罐为 120 kg。

**五、陶瓷包装**

主要有瓶子和坛子两种。

1. 包装应有足够厚度，容器壁厚均匀，无气泡或砂眼。

2. 陶瓷容器外部表面不得有明显的剥落和影响其效能的缺陷。

3. 最大容积为 32 L，最大净重为 50 kg。

## 第三节　危险化学品包装标志及标记代号

**要点掌握：**

包装代号 $6HA_1$ 表示什么？

**一、包装标志**

1. 包装储运图示标志

国家标准 GB 191—2000《包装储运图示标志》规定了运输包装件上提醒储运人员注意的一些图示符号。如：防雨、防晒、易碎等，如图 4—1 所示，供操作人员在装卸时能针对不同情况进行相应的操作。

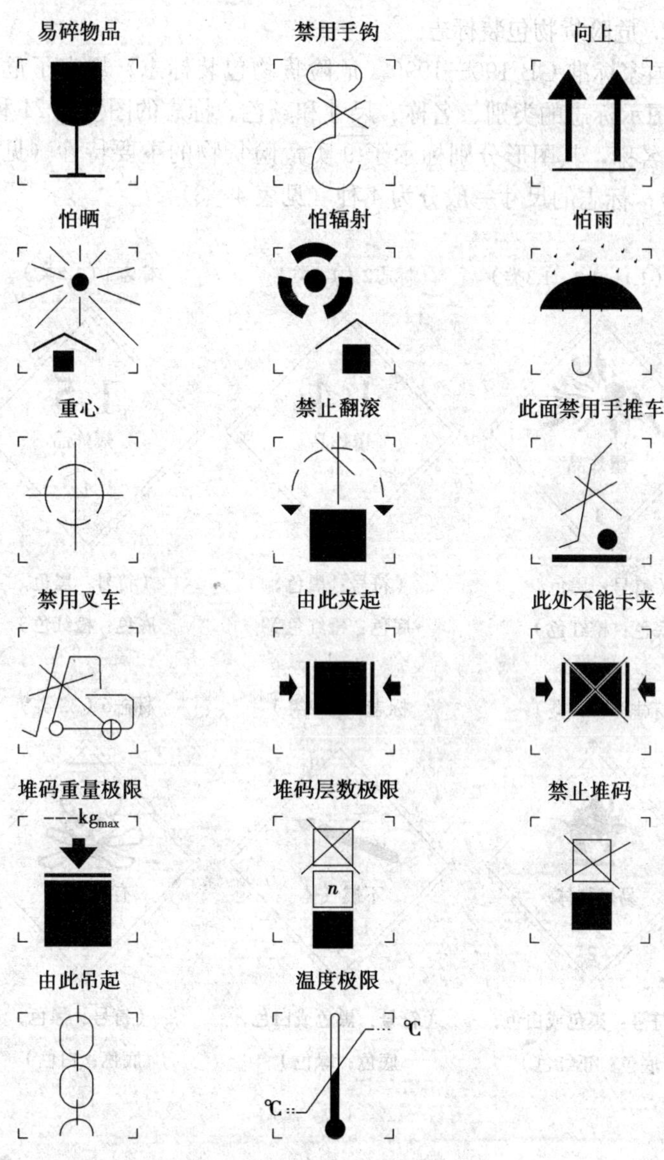


图 4—1　包装储运图示标志

2. 危险货物包装标志

国家标准 GB 190—1990《危险货物包装标志》规定了危险货物图示标志的类别、名称、尺寸和颜色。标志的图形共 21 种、19 个名称，其图形分别标示了 9 类危险货物的主要特性（见图 4—2）；标志的尺寸一般分为 4 种（见表 4—3）。

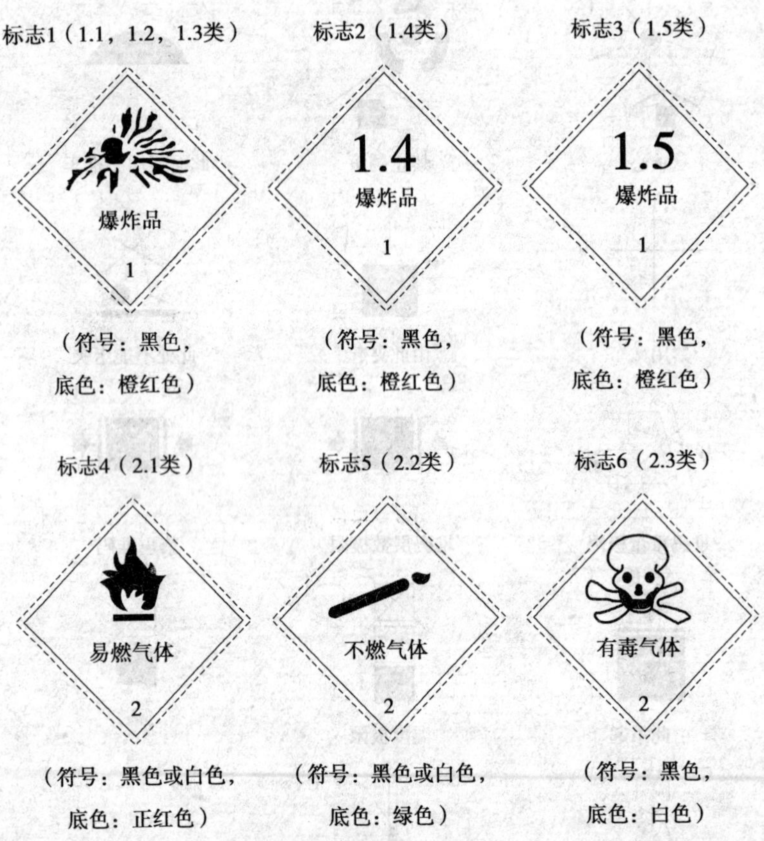

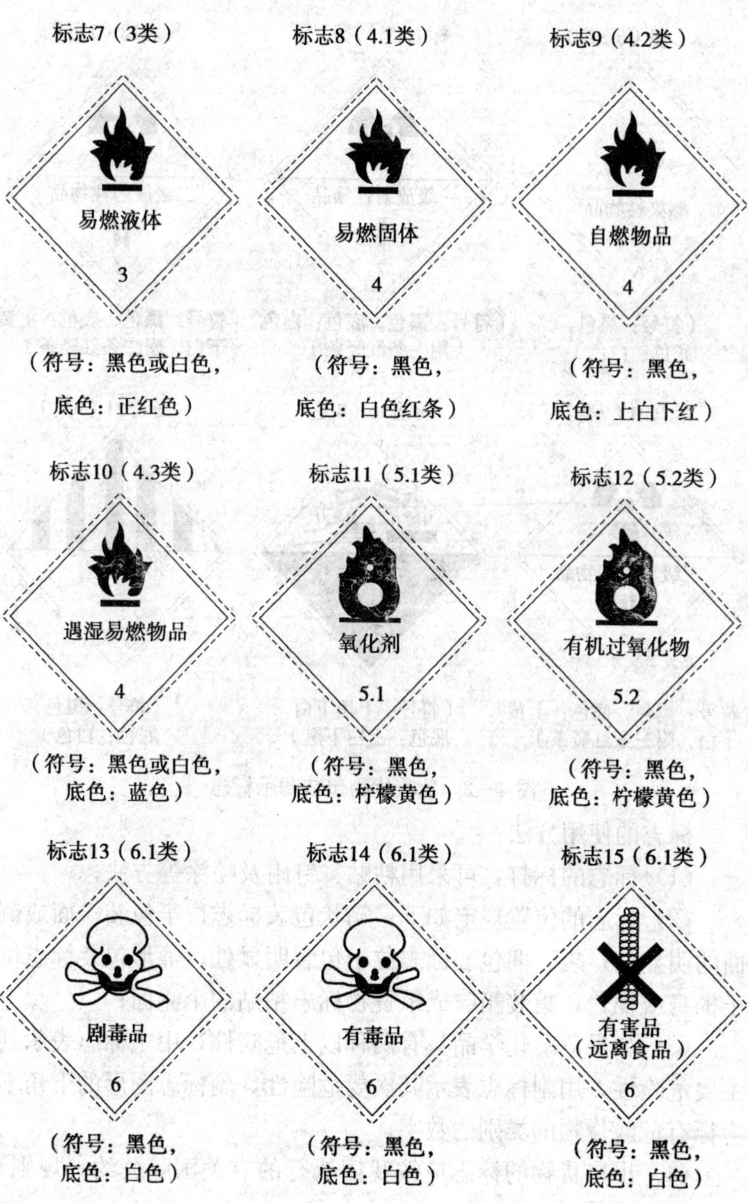
标志7（3类）
易燃液体
3
（符号：黑色或白色，
底色：正红色）
标志8（4.1类）
易燃固体
4
（符号：黑色，
底色：白色红条）
标志9（4.2类）
自燃物品
4
（符号：黑色，
底色：上白下红）
标志10（4.3类）
遇湿易燃物品
4
（符号：黑色或白色，
底色：蓝色）
标志11（5.1类）
氧化剂
5.1
（符号：黑色，
底色：柠檬黄色）
标志12（5.2类）
有机过氧化物
5.2
（符号：黑色，
底色：柠檬黄色）
标志13（6.1类）
剧毒品
6
（符号：黑色，
底色：白色）
标志14（6.1类）
有毒品
6
（符号：黑色，
底色：白色）
标志15（6.1类）
有害品
（远离食品）
6
（符号：黑色，
底色：白色）

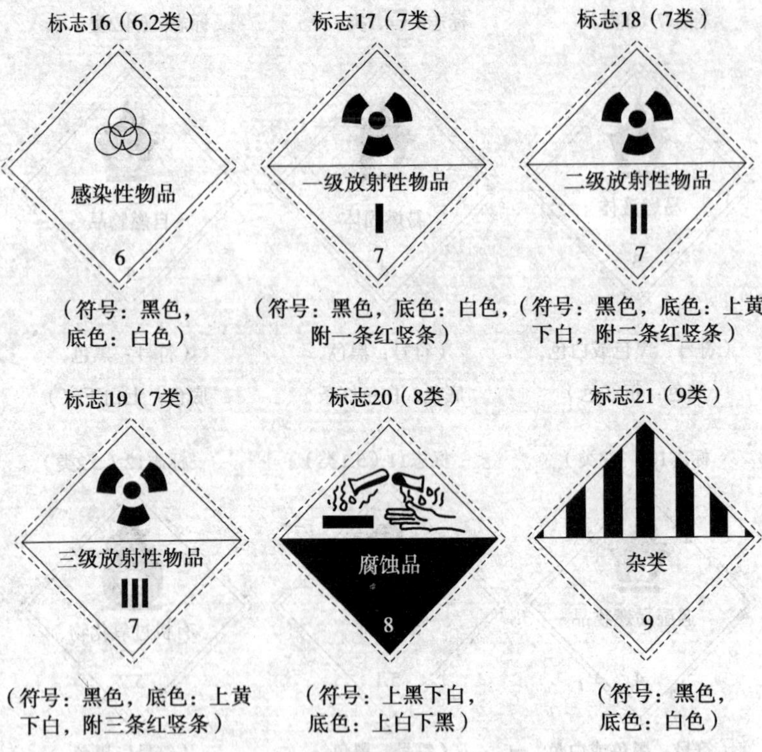


图 4—2　危险货物包装图示标志

标志的使用方法：

（1）标志的标打，可采用粘贴、钉附及喷涂等方法；

（2）标志的位置规定如下：箱状包装标志位于包装端面或侧面的明显处；袋、捆包装标志位于包装明显处；桶形包装标志位于桶身或桶盖；集装箱、成组货物标志粘贴四个侧面；

（3）如果危险化学品具有两种以上危险性，用主标志表示其主要危险性，用副标志表示其次要危险性，副标志图形的下角不应标有危险货物的类别的数字；

（4）出口货物的标志应按我国执行的有关国际公约（规则）办理。

**表 4—3　　　　　危险货物包装标志尺寸**

| 号别 \ 尺寸 | 长/mm | 宽/mm |
| --- | --- | --- |
| 1 | 50 | 50 |
| 2 | 100 | 100 |
| 3 | 150 | 150 |
| 4 | 250 | 250 |

3. 化学品安全标签

按照前面讲授《化学品安全标签编写规定》（GB 15258—1999）要求执行。

## 二、标记代号

危险货物运输包装可根据需要采用本条规定的标记代号。

1. 不同级别的标记代号用下列小写英文字母表示

x——符合Ⅰ、Ⅱ、Ⅲ级包装要求；

y——符合Ⅱ、Ⅲ级包装要求；

z——符合Ⅲ级包装要求。

2. 包装容器的标记代号用下列阿拉伯数字表示

1——桶；

2——木琵琶桶；

3——罐；

4——箱、盒；

5——袋、软管；

6——复合包装；

7——压力容器；

8——筐、篓；

9——瓶、坛。

3. 包装容器的材质标记代号用下列大写英文字母表示

A——钢；

B——铝；

C——天然木；

D——胶合板；

E——再生木板；

F——再生木板（锯末板）；

G——硬质纤维板、硬纸板、瓦楞纸板、钙塑板；

H——塑料材料；

L——编织材料；

M——多层纸；

N——金属（钢、铝除外）；

P——玻璃、陶瓷；

K——柳条、荆条、藤条及竹篾。

4. 包装件组合类型标记代号的表示方法

（1）单一包装

单一包装型号由一个阿拉伯数字和一个英文字母组成，英文字母表示包装容器的材质，其左边平行的阿拉伯数字代表包装容器的类型。英文字母右下方的阿拉伯数字，代表同一类型包装容器不同开口的型号。

例：1A——表示钢桶；

$1A_1$——表示小开口钢桶；

$1A_2$——表示中开口钢桶；

$1A_3$——表示全开口的钢桶。

（2）复合包装

复合包装型号由一个表示复合包装的阿拉伯数字“6”和一组表示包装材质和包装型式的字符组成。这组字符为两个大写英文字母和一个阿拉伯数字。第一个英文字母表示内包装的材质，第二个英文字母表示外包装的材质，右边的阿拉伯数字表示包装形式。

例：6HA1 表示内包装为塑料容器，外包装为钢桶的复合包装。

5. 其他标记代号

S——表示拟装固体的包装标记；

L——表示拟装液体的包装标记；

R——表示修复后的包装标记；

GB——表示符合国家标准要求；

UN——表示符合联合国规定的要求。

例：钢桶标记代号及修复后标记代号

例 1：新桶

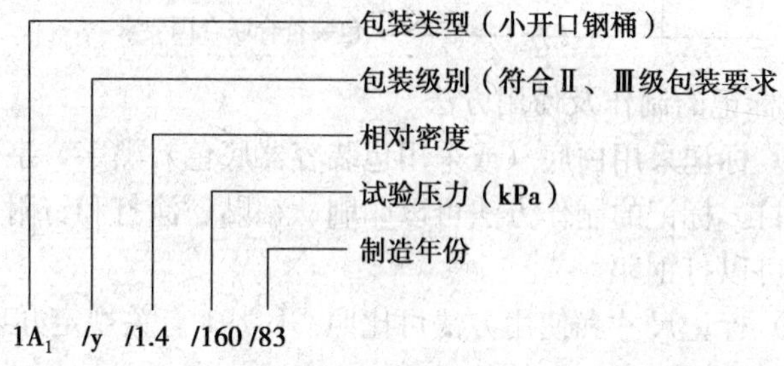


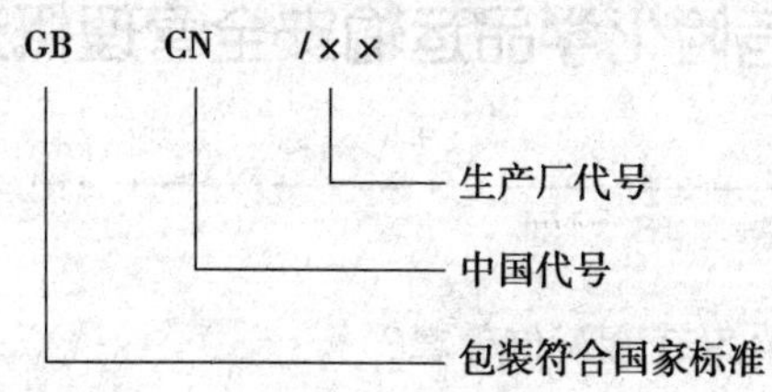

例 2：修复后的桶

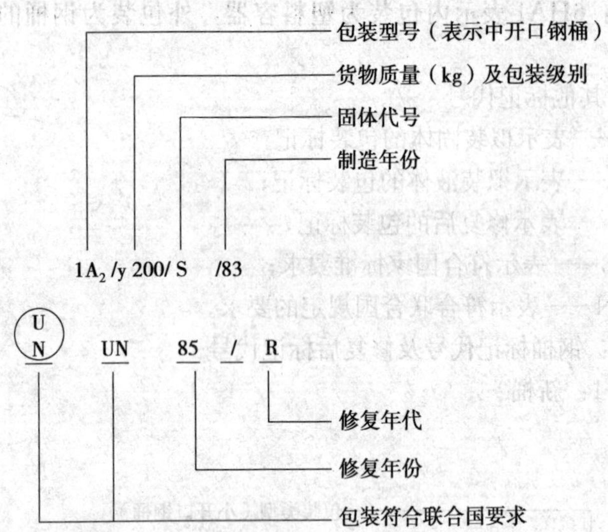


6. 标记的制作及使用方法

（1）标记采用白底（或采用包装容器底色）黑字，字体要清楚，醒目。标记的制作方法可以印刷、粘贴、涂打和钉附。钢制品容器可以打钢印。

（2）标记尺寸和使用方法可比照 GB 191 有关规定办理。

## 第四节 危险化学品运输安全管理概述

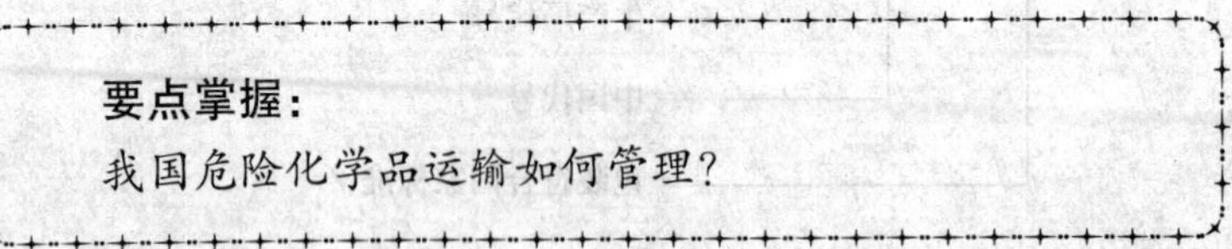


运输是危险化学品流通过程中的一个重要环节，在每年各种事故统计中，危险化学品运输事故占有相当大的比例，如 1991

年江西上饶地区发生的甲胺泄漏事故；1997 年长江上一装运浓硫酸的货船沉没，造成 70 余吨 98%的浓硫酸流入长江等事故。《安全生产法》和《危险化学品安全管理条例》对危险化学品运输做了相关规定和要求。其目的是要加强对危险化学品运输安全管理，防止事故发生。

**一、国际运输管理**

联合国危险货物运输专家委员会是联合国经济及社会理事会于 1953 年设立的专门研究国际间危险货物安全运输问题的国际组织。中国于 1988 年 12 月加入该组织并成为正式会员。2001 年 7 月，联合国危险货物运输专家委员会改组为联合国危险货物运输和全球化学品统一分类标签制度专家委员会。

该委员会制定了《联合国危险货物运输规章范本》（大橘皮书），同时配套出版《试验和标准手册》（小橘皮书）。规章范本（大橘皮书）包括危险货物分类原则和各类别的定义、主要危险货物的列表、一般包装要求、试验程序、标记、标签和揭示牌、运输单据等。世界各国和各国际组织涉及危险化学品的立法内容或管理活动都以大、小橘皮书为依据。

海运危险货物采用国际海事组织（IMO）颁布的《国际海运危险货物规则》作为国际间危险化学品海上运输的基本制度和指南，该规则主要包括总则、定义、分类、品名表、包装、托运程序、仲裁等内容和要求。我国从 1982 年开始在国际海运中执行《国际海运危险货物规则》和相关的国际公约和规则。

**二、国内运输管理**

我国危险化学品运输管理方式和要求有相应的法律法规和管理规则。2002 年 11 月 1 日施行的《安全生产法》和 2002 年 3 月 15 日施行的《危险化学品安全管理条例》对危险化学品运输做出了明确的规定。《危险化学品安全管理条例》对相关部门职责做了具体说明，同时从我国实际出发，按照现有分工，规定由交通、铁路、民航部门负责各自行业危险化学品运输单位和运输工具的安全管理、监督检查和资质认定等。

铁路运输方面有《铁路危险货物运输管理规则》（铁运[1995] 104号），规则共分11章，包括总则、包装和标志、托运和承运、按普通货物运输的条件、装卸和运输、放射性物品运输、危险货物罐车运输、爆炸品保险单、洗刷除污、保管和交付、附则等。同时还有《铁路运输危险货物采用集装箱的规定》《铁路危险货物运输管理细则》和《铁路危险货物品名表》。

公路运输方面有1991年3月1日施行《道路危险货物运输管理规定》，其内容包括道路危险货物运输单位设立的条件和申办程序、对危险货物的运输托运、运输车辆标志、运输过程中发生的事故处理和监督检查作了具体规定。同时相关的标准和规定有《汽车危险货物运输规则》（JT 3130）《汽车运输危险货物品名表》《道路运输危险货物车辆标志》（GB 13392）和《汽车运输出境危险货物包装容器检验管理办法》。

**真实案例：**

1997年9月20日，江西省抚州籍船舶赣抚州油0005轮在既未办理签证，也没办理任何申报手续的情况下，违法在南京装载散装纯苯463.4 t，于次日由南京出发驶往重庆长寿。10月8日，由于驾驶员操作失误，在川江小庙基岸嘴处船舶触岸嘴礁石，造成右舷第2、4舱破损，两舱内共计149.4 t纯苯泄漏进入长江。

水路运输方面有1996年12月1日起实施的《水路危险货物运输规则》，其内容包括船舶运输的积载、隔离、危险货物的品名、分类、标记、标识、包装检测标准等。相关的规定有《港口危险货物管理规定》和《船舶载运危险货物安全监督管理规定》。

民航运输方面应按照《中国民用航空危险品运输管理规定》执行。

## 第五节　危险化学品运输安全要求

**要点掌握：**

危险化学品运输有哪些要求？

### 一、危险化学品运输资质认定

1. 运输资质认定

《条例》第三十五条规定：国家对危险化学品的运输实行资质认定制度；未经资质认定，不得运输危险化学品。交通部《道路货物运输企业经营资质管理办法》和《道路危险货物运输管理规定》要求，凡申请从事营业性道路危险货物运输的单位，及已取得营业性道路运输经营资格需增加危险货物运输经营项目的单位，应向当地县级道路运政管理机关提出书面申请，如符合条件的，发给加盖道路危险货物运输用章的《道路运输经营许可证》和《道路运输营运证》，方可经营道路危险货物运输。严禁个体运输业户和车辆从事道路化学危险货物运输经营活动。对已取得道路危险货物运输经营许可的个体运输户，必须在限定期限内注销其经营许可证件。水路运输按《国内船舶运输经营物质管理规定》办法执行。

《条例》第三十七条规定：危险化学品运输企业，应当对其驾驶员、船员、装卸管理人员、押运人员进行有关安全知识培训；驾驶员、船员、装卸管理人员、押运人员必须掌握危险化学品运输的安全知识，并经所在地设区的市级人民政府交通部门考核合格（船员经海事管理机构考核合格），取得上岗资格证，方可上岗作业。危险化学品的装卸作业必须在装卸管理人员的现场指挥下进行。

运输危险化学品的驾驶员、船员、装卸人员和押运人员必须了解所运载的危险化学品的性质、危害特性、包装容器的使用特性和发生意外时的应急措施。运输危险化学品，必须配备必要的应急处理器材和防护用品。

2. 运输中的一般规定

(1)《条例》第四十一条规定：托运人托运危险化学品，应当向承运人说明运输的危险化学品的品名、数量、危害、应急措施等情况；运输危险化学品需要添加抑制剂或者稳定剂的，托运人交付托运时应当添加抑制剂或者稳定剂，并告知承运人；托运人不得在托运的普通货物中夹带危险化学品，不得将危险化学品匿报或者谎报为普通货物托运。

(2)《条例》第四十二条规定：运输、装卸危险化学品，应当依照有关法律、法规、规章的规定和国家标准的要求并按照危险化学品的危险特性，采取必要的安全防护措施；运输危险化学品的槽罐以及其他容器必须封口严密，能够承受正常运输条件下产生的内部压力和外部压力，保证危险化学品在运输中不因温度、湿度或者压力的变化而发生任何渗（洒）漏。

(3)《条例》第四十三条规定：通过公路运输危险化学品，必须配备押运人员，并随时处于押运人员的监管之下，不得超装、超载，不得进入危险化学品运输车辆禁止通行的区域；确需进入禁止通行区域的，应当事先向当地公安部门报告，由公安部门为其指定行车时间和路线，运输车辆必须遵守公安部门规定的行车时间和路线；危险化学品运输车辆禁止通行区域，由设区的市级人民政府公安部门划定，并设置明显的标志；运输危险化学品途中需要停车住宿或者遇到无法正常运输的情况时，应当向当地公安部门报告。

**二、危险化学品运输的要求**

1. 托运危险化学品必须出示有关证明，向指定铁路、交通、航运等部门办理手续，托运物品必须与托运单上所列的品名相符，托运未列入国家品名表的危险物品，应附交上级主管部门审核同意的技术鉴定书。

2. 危险物品装卸运输人员，应按装运危险物品的性质，佩戴相应的防护用品，装卸时必须轻装轻卸，严禁摔拖、重压和摩擦，不得损坏包装容器，并注意标志，堆放稳妥。

3. 危险物品装卸前，应对车（船）搬运工具进行必要的通风和清扫，不得留有残渣，对装有剧毒物品的车（船），卸车后必须洗刷干净。

4. 装运爆炸、剧毒、放射性、易燃液体、可燃气体等物品，必须使用符合安全要求的运输工具：

（1）禁止用电瓶车、翻斗车、铲车、自行车等运输爆炸物品。运输强氧化剂、爆炸品及铁桶包装的一级易燃液体时，必须采取可靠的安全措施，不得用铁底板车及汽车挂车。

（2）禁止用叉车、翻斗车、铲车搬运易燃、易爆危险物品。

（3）温度较高地区装运液化气体和易燃气体等危险物品，要有防晒设施。

（4）放射性物品应用专用运输搬运车和抬架搬运，装卸机械应按规定负荷降低25%。

（5）遇水易燃物品及有毒物品，禁止用小型机帆船、小木船和水泥船承运。

5. 运输爆炸、剧毒和放射性物品，应指派专人押运，押运人员不得少于两人。

6. 运输危险物品的车辆，必须保持安全的车速，保持车距，严禁超车，超速和强行会车。运输危险物品的行车路线，必须事先经当地公安交通管理部门批准，按指定的路线和时间运输，不可在繁华街道行驶和停留。

7. 运输危险化学品的车辆应专车专用，并有明显标志，要符合交通管理部门对车辆和设备的规定：

（1）车厢底板必须平坦完好，周围栏板必须牢固；

（2）机动车辆排气管应装阻火器，电路系统应有切断总电源和隔离火花的装置；

（3）车辆必须按照国家标准 GB 13392《道路运输危险货物车辆标志》悬挂规定的标志和标志灯；

（4）根据装卸危险化学品货物的性质，配备相应的消防器材。

8. 蒸汽机车在调车作业中，对装载易燃、易爆物品的车辆，必须挂不少于两节的隔离车，并严禁溜放。

9. 运输散装固体危险物品，应根据性质，采取防火、防爆、防水、防粉尘飞扬和遮阳等措施。

10. 禁止无关人员搭乘运输危险化学品的车、船和其他运输工具。

11. 运输爆炸品或其他需凭证运输的危险化学品，应有运往地县、市公安部门的《爆炸品准运证》或《危险化学品准运证》。

12. 运输危险化学品车辆、船只，应有防火安全措施。

13. 易燃品闪点在 28℃以下，气温高于 28℃时应在夜间运输。性质或消防方法相互抵触，以及配装号或类项不同的危险化学品，不能装载于同一车、船内运输。

14. 危险化学品运输的包装应符合 GB 12463 的规定。

15. 装运集装箱、大型气瓶、可移动罐（槽）等的车辆，必须设置有效的紧固装置。

16. 通过铁路、航空运输危险化学品的，按照国务院铁路、民航部门的有关规定执行。

**三、剧毒化学品运输**

1.《条例》第三十九条规定：通过公路运输剧毒化学品的，托运人应当向目的地的县级人民政府公安部门申请办理剧毒化学品公路运输通行证；办理剧毒化学品公路运输通行证，托运人应当向公安部门提交有关危险化学品的品名、数量、运输始发地和目的地、运输路线、运输单位、驾驶人员、押运人员、经营单位和购买单位资质情况的材料；剧毒化学品公路运输通行证的式样和具体申领办法由国务院公安部门制定。

2.《条例》第四十条规定：禁止利用内河以及其他封闭水域等航运渠道运输剧毒化学品以及国务院交通部门规定禁止运输的其他危险化学品；利用内河以及其他封闭水域等航运渠道运输前款规定以外的危险化学品的，只能委托有危险化学品运输资质的水运企业承运，并按照国务院交通部门的规定办理手续，接受有关交通部门（港口部门、海事管理机构）的监督管理；运输危险化学品的船舶及其配载的容器必须按照国家关于船舶检验的规范进行生产，并经海事管理机构认可的船舶检验机构检验合格，方可投入使用。

3.《条例》第四十四条规定：剧毒化学品在公路运输途中发生被盗、丢失、流散、泄漏等情况时，承运人及押运人员必须立即向当地公安部门报告，并采取一切可能的警示措施。公安部门接到报告后，应当立即向其他有关部门通报情况；有关部门应当采取必要的安全措施。

4.通过铁路运输剧毒化学品时，必须按照铁道部铁运［2002］21号《铁路剧毒品运输跟踪管理暂行规定》执行：

（1）必须在铁道部批准的剧毒品办理站或专用线、专用铁路办理；

（2）剧毒品仅限采用毒品专用车、企业自备车和企业自备集装箱运输；

（3）必须配备两名以上押运人员；

（4）填写运单一律使用黄色纸张印刷，并在纸张上印有骷髅图案；

（5）铁路运输局负责全路剧毒品运输跟踪管理工作；

（6）铁路不办理剧毒品的零担发送业务。

# 第五章　危险化学品储存

**学习目标：**

1. 熟悉按仓库建筑要求对危险化学品分类。
2. 了解危险化学品储存审批制度。
3. 掌握危险化学品储存要求和条件。
4. 掌握危险化学品储存养护和安全操作。
5. 熟悉危险化学品应急情况处理和废弃处置。

储存是指产品在离开生产领域而尚未进入消费领域之前，在流通过程中形成的一种停留。生产、经营、储存、使用危险化学品的企业都存在危险化学品的储存问题。储存是化学品流通过程中非常重要的一个环节，处理不当，就会造成事故。如深圳清水河危险品仓库爆炸事故，给国家财产和人民生命造成了巨大损失。为了加强对危险化学品的管理，国家制定了一系列法规和标准。

危险化学品的储存，根据物质的理化性质和储存量的多少分为整装储存和散装储存两类。整装储存是将物品装于小型容器或包件中储存，如各种瓶装、袋装、桶装、箱装或钢瓶装的物品。这种储存往往存放的品种多，物品的性质复杂，比较难管理。散装储存是指物品不带外包装的净货储存。这种储存量比较大，设备、技术条件比较复杂，如有机液体危险化学品甲醇、苯、乙苯、汽油等，一旦发生事故难以施救。

无论整装储存还是散装储存都潜在很大的危险。所以，经营、储存保管人员必须用科学的态度从严管理，万万不能马虎从事。

## 第一节　危险化学品储存分类

**要点掌握：**

按仓库建筑要求对危险化学品是怎样分类的？

根据危险化学品的特性和仓库建筑要求及养护技术要求，将危险化学品分为三类：易燃易爆性物品、毒害性物品和腐蚀性物品。

### 一、易燃易爆性物品的分类

易燃易爆性物品包括爆炸品、压缩气体和液化气体、易燃液体、易燃固体、自燃物品、遇湿易燃物品、氧化剂和有机过氧化物。在储存过程中，按照危险化学品储存火灾危险性的建设设计防火规范分为五类。

1. 甲类

(1) 闪点＜28℃的液体。如丙酮闪点－20℃，乙醇闪点12℃。

(2) 爆炸下限＜10％的气体，以及受到水或空气中水蒸气的作用，能产生爆炸下限＜10％气体的固体物质。如爆炸下限＜10％的气体丁烷，丁烷的爆炸下限是1.9％、甲烷的爆炸下限是5.0％；固体物质碳化钙（电石）遇到水发生反应产生爆炸下限＜10％气体乙炔（电石气），乙炔的爆炸极限是2.8％～80％。

(3) 常温下能自行分解或在空气中氧化即能导致迅速自燃或爆炸的物质。如硝化棉、黄磷。

(4) 常温下受到水或空气中水蒸气的作用能产生可燃气体并

引起燃烧或爆炸的物质。如金属钠、金属钾。

（5）遇酸、受热、撞击、摩擦以及遇有机物或硫黄等易燃的无机物，极易引起燃烧或爆炸的强氧化剂。如氯酸钾、氯酸钠。

（6）受撞击、摩擦或与氧化剂、有机物接触时能引起燃烧或爆炸的物质。如五硫化磷、三硫化磷等。

2. 乙类

（1）闪点≥28℃至＜60℃的液体。如松节油闪点35℃、异丁醇闪点28℃。

（2）爆炸下限＞10%的气体。如氨气、液氨等。

（3）不属于甲类的氧化剂。如重铬酸钠、铬酸钾等。

（4）不属于甲类的化学易燃危险固体。如硫黄、工业萘等。

（5）助燃气体。如氧气。

（6）常温下与空气接触能缓慢氧化、积热不散引起自燃的物品。

3. 丙类

（1）闪点≥60℃的液体。如糠醛闪点75℃、环己酮闪点63.9℃、苯胺闪点70℃。

（2）可燃固体。如天然橡胶及其制品。

4. 丁类

难燃烧物品。

5. 戊类

非燃烧物品。

**二、毒害性物品的分类**

毒害性物品按毒性大小划分的标准是：

1. 一级毒害品

经口摄取半数致死量：固体 $LD_{50} \leqslant 50$ mg/kg，液体 $LD_{50} \leqslant 200$ mg/kg；经皮肤接触 24 h 半数致死量 $LD_{50} \leqslant 200$ mg/kg；粉尘、烟雾吸入半数致死质量浓度 $LC_{50} \leqslant 2$ mg/L 及蒸汽吸入半数

致死质量浓度 $LC_{50} \leqslant 2$ mg/L 及蒸汽吸入半数致死体积分数 $LC_{50} \leqslant 200$ ml/m³。

一级毒害品又分为两种：一种为一级无机毒害品，如氰化钾、三氧化（二）砷等；另一种为一级有机毒害品，如有机磷、硫的化合物（农药）等。

凡是一级毒害品都属于剧毒品。

2. 二级毒害品

经口摄取半数致死量：固体 $LD_{50} > 50 \sim 500$ mg/kg，液体 $LD_{50} > 50 \sim 2\ 000$ mg/kg；经皮肤接触 24 h 半数致死量 $LD_{50} > 200 \sim 1\ 000$ mg/kg；粉尘、烟雾吸入半数致死质量浓度 $LC_{50} > 2 \sim 10$ mg/L。

二级毒害品又分为两种，一种为二级无机毒害品，如汞、铅、钡、氟的化合物等。另一种为二级有机毒害品，如二苯汞等。

**三、腐蚀性物品的分类**

按腐蚀性强度和化学组成可分为三类：第一类为酸性腐蚀品，有一级酸性腐蚀品、二级酸性腐蚀品；第二类为碱性腐蚀品，有一级碱性腐蚀品、二级碱性腐蚀品；第三类为其他腐蚀品，有一级其他腐蚀品、二级其他腐蚀品。

1. 一级腐蚀品

能使动物皮肤在 3 min 内出现可见坏死现象，并能在 3～60 min 再现可见坏死现象的同时产生有毒蒸汽。

一级无机酸性腐蚀品。如硝酸、硫酸、五氯化磷、二氯化硫等。

一级有机酸性腐蚀品。如甲酸、氯乙酰氯等。

一级无机碱性腐蚀品。如氢氧化钠、硫化钠等。

一级有机碱性腐蚀品。如乙醇钠、二丁胺等。

一级其他腐蚀品。如苯酚钠、氟化铬等。

2. 二级腐蚀品

能使动物皮肤在4 h内出现可见坏死现象，并在55℃时对钢或铝的表面年腐蚀率超过6.25 mm的物品。

二级无机酸性腐蚀品。如正磷酸、四溴化锡等。

二级有机酸性腐蚀品。如冰醋酸、醋酸酐等。

二级碱性腐蚀品。如氧化钙、二环己胺等。

二级其他腐蚀品。如次氯酸钠溶液等。

## 第二节 危险化学品储存的要求和条件

**要点掌握：**

1. 危险化学品储存的审批条件是什么？
2. 危险化学品储存的要求是什么？
3. 简述三类危险化学品储存的条件。

### 一、危险化学品储存的审批制度

1. 危险化学品储存的规定

(1)《条例》第七条规定：国家对危险化学品的生产和储存实行统一规划，合理布局和严格控制，并对危险化学品生产、储存实行审批制度；未经审批，任何单位和个人都不得生产、储存危险化学品。

设区的市级人民政府根据当地经济发展的实际需要，在编制总体规划时，应当按照确保安全的原则规划适当区域专门用于危险化学品的生产、储存。

(2)《条例》第十条规定：除运输工具的加油站、加气站外，危险化学品的生产装置和储存数量构成重大危险源的储存设施，与下列场所、区域的距离必须符合国家标准或者国家有关规定：

1) 居民区、商业中心、公园等人口密集区域；

2）学校、医院、影剧院、体育场（馆）等公共设施；

3）供水水源、水厂及水源保护区；

4）车站、码头（按照国家规定，经批准，专门从事危险化学品装卸作业的除外）、机场以及公路、铁路、水路交通干线、地铁风亭及出入口；

5）基本农田保护区、畜牧区、渔业水域和种子、种畜、水产苗种生产基地；

6）河流、湖泊、风景名胜区和自然保护区；

7）军事禁区、军事管理区；

8）法律、行政法规规定予以保护的其他区域。

已建的危险化学品生产装置和储存数量构成重大危险源的储存设施不符合前款规定的，由所在地区的市级人民政府负责危险化学品安全监督管理综合工作的部门监督其在规定期限内进行整顿；需要转产、停产、搬迁、关闭的，报本级人民政府批准后实施。

2. 危险化学品储存的审批条件

《条例》第八条明确规定危险化学品生产、储存企业，必须具备下列条件：

（1）有符合国家标准的生产工艺、设备或者储存方式、设施；

（2）工厂、仓库的周边防护距离符合国家标准或者国家有关规定；

（3）有符合生产或者储存需要的管理人员和技术人员；

（4）有健全的安全管理制度；

（5）符合法律、法规规定和国家标准要求的其他条件。

3. 申请和审批程序

《条例》第九条和第十一条有明确的规定。

**二、危险化学品储存的基本要求**

1. 危险化学品的储存必须遵照国家法律、法规和其他有关的规定。

2. 危险化学品必须储存在经有关部门批准设置的专门的危险化学品仓库中，经销部门自管仓库储存危险化学品及储存数量必须经有关部门批准。未经批准不得随意设置危险化学品储存仓库。

3. 危险化学品露天堆放，应符合防火、防爆的安全要求，爆炸物品、一级易燃物品、遇潮湿燃烧物品、剧毒物品不得露天堆放。

4. 储存危险化学品的仓库必须配备具有专业知识的技术人员，其库房及场所应设专人管理，同时必须配备可靠的个人防护用品。

5. 储存危险化学品可按爆炸品、压缩气体和液化气体、易燃液体、易爆固体、自然物品和遇湿易燃物品、氧化剂和有机过氧化物、毒害品、放射性物品、腐蚀品等分类。

6. 储存危险化学品应有明显的标志，标志应符合 GB 190 的规定。如同一区域储存两种以上不同级别的危险品时，应按最高等级危险物品的性能标示。

7. 储存危险化学品应根据危险品性能分区、分类、分库储存。各类危险品不得与禁忌物料混合储存。

8. 储存危险化学品的建筑物、区域内严禁吸烟和使用明火。

**三、危险化学品储存的条件**

危险化学品储存的条件按照易燃易爆物品、腐蚀性物品和毒害性物品三类介绍。

1. 易燃易爆物品储存条件

（1）建筑条件。应符合 GBJ 16—2001 中 4.2.1 条的要求，库房耐火等级不低于三级。

（2）库房条件。储存易燃易爆物品的库房，应冬暖夏凉、干燥、易于通风、密封和避光。

根据各类物品的不同性质、库房条件、灭火方法等进行严格的分区分类、分库存放。

1）爆炸品宜储存于一级轻顶耐火建筑的库房内。

2）低、中闪点液体、一级易燃固体、自燃物品、压缩气体和液化气体类宜储存于一级耐火建筑的库房内。

3）遇潮湿易燃物品、氧化剂和有机过氧化物可储存于一、二级耐火建筑的库房内。

4）二级易燃固体、高闪点液体可储存于耐火等级不低于三级的库房内。

（3）安全条件。应符合避免阳光直射，远离火源、热源、电源，无产生火花的条件。

除按表5—1规定分类储存外，以下品种应专库储存。

1）爆炸品。黑色火药类、爆炸性化合物分别专库储存。

2）压缩气体和液化气体。易燃气体、不燃气体和有毒气体分别专库储存。

3）易燃液体均可同库储存，但甲醇、乙醇、丙酮等应专库储存。

4）易燃固体可同库储存，但发乳剂H与酸或酸性物品应分别储存；硝酸纤维素酯、安全火柴、红磷及硫化磷、铝粉等金属粉类应分别储存。

5）自燃物品黄磷，烃基金属化合物，浸动、植物油制品须分别专库储存。

6）遇潮湿易燃物品专库储存。

7）氧化剂和有机过氧化物一、二级无机氧化剂与一、二级有机氧化剂必须分别储存，但硝酸铵、氯酸盐类、高锰酸盐、亚硝酸盐、过氧化钠、过氧化氢等必须分别专库储存。

（4）环境卫生条件。库房周围无杂草和易燃物；库房内清洁，地面无漏撒物品，保持地面与货垛清洁卫生。

（5）温湿度条件。

各类物品适宜储存的温湿度见表5—2。

表 5—1　　**化学危险物品混存性能互抵表**

| 化学危险物品分类 \ 化学危险物品分类 | 小类 \ 小类 | 爆炸性物品 | | | | 氧化剂 | | | | 压缩气体和液化气体 | | | | 自燃物品 | | 遇水燃烧物品 | | 易燃液体 | | 易燃固体 | | 毒害性物品 | | | | 腐蚀性物品 | | | | 放射性物品 |
|---|---|---|---|---|---|---|---|---|---|---|---|---|---|---|---|---|---|---|---|---|---|---|---|---|---|---|---|---|---|---|
| | | | | | | | | | | | | | | | | | | | | | | | | | | 酸性 | | 碱性 | | |
| | | 点火器材 | 起爆器材 | 爆炸及爆炸性药品 | 其他爆炸品 | 一级无机 | 一级有机 | 二级无机 | 二级有机 | 剧毒 | 易燃 | 助燃 | 不燃 | 一级 | 二级 | 一级 | 二级 | 一级 | 二级 | 一级 | 二级 | 剧毒无机 | 剧毒有机 | 有毒无机 | 有毒有机 | 无机 | 有机 | 无机 | 有机 | |
| 爆炸性物品 | 点火器材 | O | | | | | | | | | | | | | | | | | | | | | | | | | | | | |
| | 起爆器材 | O | O | | | | | | | | | | | | | | | | | | | | | | | | | | | |
| | 爆炸及爆炸性药品 | O | × | O | | | | | | | | | | | | | | | | | | | | | | | | | | |
| | 其他爆炸品 | O | × | × | O | | | | | | | | | | | | | | | | | | | | | | | | | |
| 氧化剂 | 一级无机 | × | × | × | × | ① | | | | | | | | | | | | | | | | | | | | | | | | |
| | 一级有机 | × | × | × | × | × | O | | | | | | | | | | | | | | | | | | | | | | | |
| | 二级无机 | × | × | × | × | O | × | ② | | | | | | | | | | | | | | | | | | | | | | |
| | 二级有机 | × | × | × | × | × | O | × | O | | | | | | | | | | | | | | | | | | | | | |
| 压缩气体和液化气体 | 剧毒(液氨和液氯有抵触) | × | × | × | × | × | × | × | × | O | | | | | | | | | | | | | | | | | | | | |
| | 易燃 | × | × | × | × | × | × | × | × | × | O | | | | | | | | | | | | | | | | | | | |
| | 助燃 | × | × | × | × | × | × | 分 | × | O | × | O | | | | | | | | | | | | | | | | | | |
| | 不燃 | × | × | × | × | 分 | 消 | 分 | 分 | O | O | O | O | | | | | | | | | | | | | | | | | |

续表

| 化学危险物品分类 | 小类 | 爆炸性物品 | | | | 氧化剂 | | | | 压缩气体和液化气体 | | | | 自燃物品 | | 遇水燃烧物品 | | 易燃液体 | | 易燃固体 | | 毒害性物品 | | | | 腐蚀性物品 | | | | 放射性物品 |
|---|---|---|---|---|---|---|---|---|---|---|---|---|---|---|---|---|---|---|---|---|---|---|---|---|---|---|---|---|---|---|
| | | | | | | | | | | | | | | | | | | | | | | | | | | 酸性 | | 碱性 | | |
| 化学危险物品分类 | 小类 | 点火器材 | 起爆器材 | 爆炸及爆炸性药品 | 其他爆炸品 | 一级无机 | 一级有机 | 二级无机 | 二级有机 | 剧毒 | 易燃 | 助燃 | 不燃 | 一级 | 二级 | 一级 | 二级 | 一级 | 二级 | 一级 | 二级 | 剧毒无机 | 剧毒有机 | 有毒无机 | 有毒有机 | 无机 | 有机 | 无机 | 有机 | |
| 自燃物品 | 一级 | × | × | × | × | × | × | × | × | × | × | × | × | O | | | | | | | | | | | | | | | | |
| | 二级 | × | × | × | × | × | × | × | × | × | × | × | × | × | O | | | | | | | | | | | | | | | |
| 遇水燃烧物品 | 一级 | × | × | × | × | × | × | × | × | × | × | × | × | × | × | O | | | | | | | | | | | | | | |
| | 二级 | × | × | × | × | × | × | × | × | 消 | × | × | 消 | × | 消 | × | O | | | | | | | | | | | | | |
| 易燃液体 | 一级 | × | × | × | × | × | × | × | × | × | × | × | × | × | × | × | × | O | | | | | | | | | | | | |
| | 二级 | × | × | × | × | × | × | × | × | × | × | × | × | × | × | × | × | O | O | | | | | | | | | | | |
| 易燃固体 | 一级 | × | × | × | × | × | × | × | × | × | × | × | × | × | × | × | × | 消 | 消 | O | | | | | | | | | | |
| | 二级 | × | × | × | × | × | × | × | × | × | × | × | × | × | × | × | × | 消 | 消 | O | O | | | | | | | | | |
| 毒害性物品 | 剧毒无机 | × | × | × | × | 分 | × | 分 | 消 | 分 | 分 | 分 | 分 | × | 分 | 消 | 消 | 消 | 消 | 分 | 分 | O | | | | | | | | |
| | 剧毒有机 | × | × | × | × | × | × | × | × | × | × | × | × | × | × | × | × | × | × | × | × | O | O | | | | | | | |
| | 有毒无机 | × | × | × | × | 分 | × | 分 | 分 | 分 | 分 | 分 | 分 | × | 分 | 分 | 分 | 分 | 分 | 分 | 分 | O | O | O | | | | | | |
| | 有毒有机 | × | × | × | × | × | × | × | × | × | × | × | × | × | × | × | × | 分 | 分 | 消 | 消 | O | O | O | O | | | | | |

续表

| 化学危险物品分类 / 小类 | | 爆炸性物品 | | | | 氧化剂 | | | | 压缩气体和液化气体 | | | | 自燃物品 | | 遇水燃烧物品 | | 易燃液体 | | 易燃固体 | | 毒害性物品 | | | | 腐蚀性物品 | | | | 放射性物品 |
|---|---|---|---|---|---|---|---|---|---|---|---|---|---|---|---|---|---|---|---|---|---|---|---|---|---|---|---|---|---|---|
| | | | | | | | | | | | | | | | | | | | | | | | | | | 酸性 | | 碱性 | | |
| 化学危险物品分类 | 小类 | 点火器材 | 起爆器材 | 爆炸及爆炸性药品 | 其他爆炸品 | 一级无机 | 一级有机 | 二级无机 | 二级有机 | 剧毒 | 易燃 | 助燃 | 不燃 | 一级 | 二级 | 一级 | 二级 | 一级 | 二级 | 一级 | 二级 | 剧毒无机 | 剧毒有机 | 有毒无机 | 有毒有机 | 无机 | 有机 | 无机 | 有机 | |
| 腐蚀性物品 酸性 | 无机 | × | × | × | × | × | × | × | × | × | × | × | × | × | × | × | × | × | × | × | × | × | × | × | × | O | | | | |
| 腐蚀性物品 酸性 | 有机 | × | × | × | × | × | × | × | × | × | × | × | × | × | × | × | × | 消 | 消 | × | × | × | × | × | × | × | O | | | |
| 腐蚀性物品 碱性 | 无机 | × | × | × | × | 分 | 消 | 分 | 消 | 分 | 分 | 分 | 分 | 分 | 分 | 消 | 消 | 消 | 消 | 分 | 分 | × | × | × | × | × | × | O | | |
| 腐蚀性物品 碱性 | 有机 | × | × | × | × | × | × | × | × | × | × | × | × | × | × | × | × | 消 | 消 | 消 | 消 | × | × | × | × | × | × | O | O | |
| 放射性物品 | | × | × | × | × | × | × | × | × | × | × | × | × | × | × | × | × | × | × | × | × | × | × | × | × | × | × | × | × | O |

说明：

“O”符号表示可以混存。

“×”符号表示不可以混存。

“分”指应按化学危险品的分类进行分区分类储存。如果物品不多或仓位不够时，因其性能并不互相抵触，也可以混存。

“消”指两种物品性能并不互相抵触，但消防施救方法不同，条件许可时最好分存。

①说明过氧化钠等过氧化物不宜和无机氧化剂混存。

②说明具有还原性的亚销酸钠等亚硝酸盐类，不宜和其他无机氧化剂混存。

凡混存物品，货垛与货垛之间，必须留有 1 m 以上的距离，并要求包装容器完整，不使两种物品发生接触。

表 5—2　　易燃易爆物品储存的温湿度条件

| 类别 | 品名 | 温度 ℃ | 相对湿度 % | 备注 |
|---|---|---|---|---|
| 爆炸品 | 黑火药、化合物 | ≤32 | ≤80 | |
| | 水作稳定剂的 | ≥1 | <80 | |
| 压缩气体和液化气体 | 易燃、不燃、有毒 | ≤30 | | |
| 易燃液体 | 低闪点 | ≤29 | | |
| | 中高闪点 | ≤37 | | |
| 易燃固体 | 易燃固体 | ≤35 | | |
| | 硝酸纤维素酯 | ≤25 | ≤80 | |
| | 安全火柴 | ≤35 | ≤80 | |
| | 红磷、硫化磷、铝粉 | ≤35 | <80 | |
| 自燃物品 | 黄磷 | >1 | | |
| | 烃基金属化合物 | ≤30 | ≤80 | |
| | 含油制品 | ≤32 | ≤80 | |
| 遇湿易燃物品 | 遇潮湿易燃物品 | ≤32 | ≤75 | |
| 氧化剂和有机过氧化物 | 氧化剂和有机过氧化物 | ≤30 | ≤80 | |
| | 过氧化钠、镁、钙等 | ≤30 | ≤75 | |
| | 硝酸锌、钙、镁等 | ≤28 | ≤75 | 袋装 |
| | 硝酸铵、亚硝酸钠 | ≤30 | ≤75 | 袋装 |
| | 盐的水溶液 | >1 | | |
| | 结晶硝酸锰 | <25 | | |
| | 过氧化苯甲酰 | 2～25 | | 含稳定剂 |
| | 过氧化丁酮等有机氧化剂 | ≤25 | | |

2. 腐蚀性物品储存条件

（1）库房条件。库房应是阴凉、干燥、通风、避光的防火建筑。建筑材料最好经过防腐蚀处理。

储存发烟硝酸、溴素、高氯酸的库房应是低温、干燥通风的一、二级耐火建筑。

溴氢酸、碘氢酸要避光储存。

（2）货棚、露天货场条件。货棚应阴凉、通风、干燥，露天货场应高于地面、干燥。

（3）安全条件。物品避免阳光直射、曝晒，远离热源、电源、火源，库房建筑及各种设备符合 GBJ 16 的规定。

按不同类别、性质、危险程度、灭火方法等分区分类储存，性质相抵的禁止同库储存。表 5—1 给出了化学危险物品混存性能互抵表。

（4）环境卫生条件。库房周围无杂物、易燃物应及时清理，排水沟畅通；房内地面、门窗、货架应经常打扫，保持清洁。

（5）温湿度条件。温湿度条件应符合表 5—3 规定。

3. 毒害性物品储存条件

（1）库房条件。库房结构完整、干燥、通风良好。机械通风排毒要有必要的安全防护措施，库房耐火等级不低于二级。

（2）安全条件。

1）仓库应远离居民区和水源。

2）物品避免阳光直射、曝晒，远离热源、电源、火源，库内在固定方便的地方配备与毒害品性质适应的消防器材、报警装置和急救药箱。

3）不同种类的毒品要分开存放，危险程度和灭火方法不同的要分开存放，性质相抵的禁止同库混存，表 5—1 给出了化学危险物品混存性能互抵表。

4）剧毒品应专库储存或存放在彼此间隔的单间内，需安装防盗报警器，库门应装双锁。

（3）环境卫生条件。库区和库房内要经常保持整洁。对散落的毒品、易燃、可燃物品和库区的杂草及时清除。用过的工作服、手套等用品必须放在库外安全地点，妥善保管或及时处理。

更换储存毒品品种时，要将库房清扫干净。

（4）温湿度条件。库区温度不超过 35℃为宜，易挥发的毒品应控制在 32℃以下，相对湿度应在 85%以下，对于易潮解的毒品应控制在 80%以下。

**表 5—3　　腐蚀性物品储存的温湿度条件**

| 类别 | 主要品种 | 适宜温度 ℃ | 适宜相对湿度 % |
| --- | --- | --- | --- |
| 酸性腐蚀品 | 发烟硫酸、亚硫酸 | 0～30 | ≤80 |
| | 硝酸、盐酸及氢卤酸、氟硅（硼）酸、氯化硫、磷酸等 | ≤30 | ≤80 |
| | 磺酰氯、氯化亚砜、氧氯化磷、氯磺酸、溴乙酰、三氯化磷等多卤化物 | ≤30 | ≤75 |
| | 发烟硝酸 | ≤25 | ≤80 |
| | 溴、溴水 | 0～28 | |
| | 甲酸、乙酸、乙酸酐等有机酸类 | ≤32 | ≤80 |
| 碱性腐蚀品 | 氢氧化钾（钠）、硫化钾（钠） | ≤30 | ≤80 |
| 其他腐蚀品 | 甲醛溶液 | 10～30 | |

# 第三节　危险化学品储存安排

**要点掌握：**

1. 危险化学品储存分为几种方式？
2. 危险化学品储存应如何安排？

## 一、危险化学品储存方式

危险化学品储存方式分为三种：隔离储存、隔开储存和分离储存。

1. 隔离储存

在同一房间同一区域内，不同的物料之间分开一定距离，非禁忌物料间用通道保持空间的储存方式。

2. 隔开储存

在同一建筑或同一区域内，用隔板或墙，将其与禁忌物料分离开的储存方式。

3. 分离储存

在不同建筑物或远离所有建筑的外部区域内的储存方式。

**真实案例：**

1993 年 8 月 5 日，深圳市安贸危险物品储运公司清水河化学危险品仓库发生特大爆炸事故。爆炸引起了大火，1 小时后着火区又发生第二次强烈爆炸，造成更大范围的破坏和火灾。到 8 月 6 日 5 时，终于扑灭了这场大火。这起事故造成 15 人死亡，200 多人受伤，其中重伤 25 人，直接经济损失超过 2.5 亿元。

事故原因系清水河的干杂仓库被违章改作化学危险品仓库及仓库内化学危险品存入严重违章引起。干杂仓库 4 号仓内混存的氧化剂与还原剂接触是事故的直接原因。

**二、危险化学品堆垛**

1. 易燃易爆性物品堆垛

根据库房条件，商品性质和包装形态采取适当的堆码和垫底方法。

各种物品不允许直接落地存放。根据库房地势高低，一般应垫高 15 cm 以上。遇潮湿易燃物品、易吸潮溶化和吸潮分解的商品应根据情况加大下垫高度。

各种物品应码成行列式压缝货垛，做到牢固、整齐、美观，出入库方便，一般垛高不超过 3 m。

堆垛间距：

（1）全通道大于等于 180 cm；

（2）支通道大于等于 80 cm；

（3）墙距大于等于 30 cm；

（4）柱距大于等于 10 cm；

（5）垛距大于等于 10 cm；

（6）顶距大于等于 50 cm。

2. 腐蚀性物品堆垛

库房、货棚或露天货场储存的物品，货垛不应有隔潮设施，库房一般离地不低于15 cm，货场不低于30 cm。

根据物品性质、包装规格采用适当的堆垛方法，要求货垛整齐，堆码牢固，数量准确，禁止倒置。

按出厂先后或批号分别堆码。

堆垛高度：

（1）大铁桶液体立码，固体平放，一般不超过 3 m；

（2）大箱（内装坛、桶），1.5 m；

（3）袋装，3～3.5 m。

堆垛间距：

（1）主通道大于等于 180 cm；

（2）支通道大于等于 80 cm；

（3）墙距大于等于 30 cm；

（4）柱距大于等于 10 cm；

（5）垛距大于等于 10 cm；

（6）顶距大于等于 50 cm。

3. 毒害性物品堆垛

毒害性物品不得就地堆码，货垛下应有隔潮设施，垛底一般离地不低于15 cm。一般性可堆存大垛，挥发性液体毒品不宜堆大垛，可堆存行列式。要求货垛牢固、整齐、美观，垛高不超过 3 m。

堆垛间距：

（1）主通道大于等于 180 cm；

（2）支通道大于等于 80 cm；

（3）墙距大于等于 30 cm；

（4）柱距大于等于 10 cm；

（5）垛距大于等于 10 cm；

（6）顶距大于等于 50 cm。

**三、危险化学品储存安排**

1. 危险化学品储存安排取决于危险化学品分类、分项、容器类型、储存方式和消防的要求。

2. 储存量及储存安排见表 5—4。

**表 5—4　　储存量及储存安排**

| 储存类别 / 储存要求 | 露天储存 | 隔离储存 | 隔开储存 | 分离储存 |
|---|---|---|---|---|
| 平均单位面积储存量/（$t/m^2$） | 1.0～1.5 | 0.5 | 0.7 | 0.7 |
| 单一储存区最大储量 / t | 2 000～2 400 | 200～300 | 200～300 | 400～600 |
| 垛距限制 / m | 2 | 0.3～0.5 | 0.3～0.5 | 0.3～0.5 |
| 通道宽度 / m | 4～6 | 1～2 | 1～2 | 5 |
| 墙距宽度 / m | 2 | 0.3～0.5 | 0.3～0.5 | 0.3～0.5 |
| 与禁忌品距离 / m | 10 | 不得同库储存 | 不得同库储存 | 7～10 |

3. 遇火、遇热、遇潮能引起燃烧、爆炸或发生化学反应，产生有毒气体的危险化学品不得在露天或在潮湿、积水的建筑物中储存。

4. 受日光照射能发生化学反应引起燃烧、爆炸、分解、化合或能产生有毒气体的危险化学品应储存在一级建筑物中。其包装应采取避光措施。

5. 爆炸物品不准和其他类物品同储，必须单独隔离限量储存，仓库不准建在城镇，还应与周围建筑、交通干道、输电线路保持一定安全距离。

6. 压缩气体和液化气体必须与爆炸物品、氧化剂、易燃物品、自然物品、腐蚀性物品隔离储存。易燃气体不得与助燃气体、剧毒气体同储；氧气不得与油脂混合储存，盛装液化气体的容器属压力容器的，必须有压力表、安全阀、紧急切断装置，并定期检查，不得超装。

7. 易燃液体、遇潮湿易燃物品、易燃固体不得与氧化剂混合储存，具有还原性的氧化剂应单独存放。

8. 有毒物品应储存在阴凉、通风、干燥的场所，不要露天存放，不要接近酸类物质。

9. 腐蚀性物品包装必须严密，不允许泄漏，严禁与液化气体和其他物品共存。

## 第四节　危险化学品储存养护

**要点掌握：**

危险化学品储存应如何养护？

危险化学品入库后应采取适当的养护措施，在储存期内，定期检查，发现其品质变化、包装破损、渗漏、稳定剂短缺等，应及时处理。库房温度、湿度应严格控制，经常检查，发现变化及时调整。下面分三类进行详细介绍。

**真实案例：**

1993 年 11 月 4 日，山西省阳泉市某金属镁厂发生自燃性火灾事故，由于灭火剂不足，火势无法有效控制，烧毁部分仓库、原料、半成品等，经济损失惨重。事故原因系由于该厂金属镁中的钾、钠未脱净引起自燃导致火灾。

**知识链接**

镁是银白色金属，有延展性，硬度中等。镁粉溶于酸，同时放出氢气。镁粉不溶于水，但能与水缓慢作用放出热和氢气，在潮湿空气中表面会被氧化而变暗。能与氨激烈化合，也能与其他卤素、硫、磷、砷等化合。镁粉在空气中极易燃烧，燃烧时会发出强烈的白光和热，但它在干燥空气中较稳定。

## 一、易燃易爆性物品

1. 温湿度管理

(1) 库房内设温湿度表，按规定时间观测和记录；

(2) 根据商品不同的性质，采取密封、通风和库内吸潮相结合的温湿度管理办法，严格控制并保持库房内的温湿度，使之符合表 5—2 的要求。

2. 库房检查

(1) 安全检查。每天对库房内外进行安全检查，检查易燃物是否清理，货垛牢固程度和异常现象等。

(2) 质量检查。根据商品性质，定期进行以感官为主的在库质量检查，每种商品抽查 1～2 件，主要检查商品的自身变化，商品容器、封口、包装和衬垫等在储存期间的变化。

1) 爆炸品。一般不宜拆包检查，主要检查外包装。爆炸性化合物可拆箱检查。

2) 压缩气体和液化气体。用称量法检查其质量；检查钢瓶是否漏气，可用气球将瓶嘴扎紧，也可用棉球蘸稀盐酸溶液（用于氨）、稀氨水（用于氯）涂在瓶口处，如果漏气会立即产生大量烟雾。

3) 易燃液体。主要检查封口是否严密，有无挥发或渗漏，有无变色、变质和沉淀现象。

4）易燃固体。查看有无溶（熔）化、升华和变色、变质现象。

5）自燃物品、遇潮湿易燃物品。查看有无挥发、渗漏、吸潮溶化；含稳定剂的稳定剂要足量，否则立即添足补满。

6）氧化剂和有机过氧化物。主要检查包装封口是否严密，有无吸潮溶化，变色变质；有机过氧化物、含稳定剂的稳定剂要足量，封口严密有效。

7）按质量计的商品应抽查质量，以控制商品保管损耗。

8）每次质量检查后，外包装上均应做出明显的标记，并做好记录。

（3）检查结果及问题处理。

1）检查结果逐项记录，在商品外包装上做出标记。

2）检查中发现的问题，及时填写有问题商品通知单通知存货方。如问题严重或危及安全时立即汇报和通知存货方，采取应急措施。

3）有效期商品应在有效期内一个月通知存货方。

4）超过储存期限或长期不出库的商品，应填写在库商品催调单，转存货方。

**二、腐蚀性物品**

1. 温湿度管理

（1）库内设置温湿度计，按时观测、记录。

（2）根据库房条件、商品性质、采用机械（要有防护措施）自控、自然等方法通风、去湿、保温，控制与调节库内温湿度在适宜范围之内。温湿度应符合表 5—3 的要求。

2. 库房检查

（1）安全检查。

1）每天对库房内外进行检查，检查易燃物是否清理，货垛是否牢固，有无异常，库内有无过浓刺激性气味。

2）遇特殊天气及时检查商品有无被水湿受损，货场货垛苫垫是否严密。

(2) 质量检查。

1）根据商品性质，定期进行感官质量检查，每种商品抽查1～2件，发现问题，扩大检查比例。

2）检查商品包装、封口、衬垫有无破损、渗漏，商品外观有无质量变化。

3）入库检查的商品，抽检其质量以计算保管损耗。

(3) 检查结果及问题处理。

1）检查结果逐项记录，在商品外包装上做出标记。

2）发现问题积极采取措施进行防治，同时通知存货方及时处理。

3）对接近有效期商品和冷背残次商品，应填写催调单报存货方。

**三、毒害性物品**

1. 温湿度管理

(1) 库房内设置温湿度表，按时观测、记录。

(2) 严格控制库内温湿度，保持在适宜范围之内。

(3) 易挥发液体毒品库要经常通风排毒，若采用机械通风要有必要的安全防护措施。

2. 库房检查

(1) 安全检查。

1）每天对库区内进行检查，检查易燃物等是否清理，货垛是否牢固，有无异常。

2）遇特殊天气及时检查商品有无受损。

3）定期检查库内设施、消防器材、防护用具是否安全有效。

(2) 质量检查。

1）根据商品性质，定期进行质量检查，每种商品抽查1～2件，发现问题扩大检查比例。

2）检查商品包装、封口、衬垫有无破损，商品外观和质量有无变化。

(3) 检查结果及问题处理。

1) 检查结果需记录，在商品外包装上做出标记。

2) 对发现的问题做好记录，通知存货方，同时采取措施进行防治。

3) 对有问题的商品和冷背残次商品应填写催调单，报存货方，督促解决。

## 第五节　危险化学品出入库管理

**要点掌握：**

危险化学品入库要求有哪些？

危险化学品出入库必须严格按照出入库管理制度进行，同时对进入库区的车辆以及装卸、搬运物品，都应根据危险化学品性质按规定进行。

**真实案例：**

1978 年 3 月 4 日，江苏省某化肥厂驾驶员陈某将装液化气的槽车开入进料库，卸料未完，没有解离卸料胶管就回家。次日，另一司机未进行全面检查，未发现胶管连在储罐上就开车，把储罐上端的铸铁逆止阀拉断，造成罐内储存压力为 0.588 MPa 的 10 t 液化石油气大量外喷后，遇明火发生猛烈的爆炸，炸死 6 人，重伤 8 人，轻伤 47 人，震塌厂房。事故原因系驾驶员装卸中途离岗未交班，未挂警示牌。第二天另一司机未做全面检查，盲目开车，拉断阀门，导致事故发生。

## 一、入库要求

1. 验收原则

（1）入库商品必须附有生产许可证和产品检验合格证，进口商品必须附有中文安全技术说明书或其他说明。

（2）商品性状、理化常数应符合产品标准，由存货方负责检验。

（3）保管方对商品外观、内外标志、容器包装及衬垫进行感官检验，验收后做出验收记录。

（4）验收应在库外安全地点或验收室进行。

（5）每种商品拆箱验收 2～5 箱（免检商品除外），发现问题扩大验收比例，验收后将商品包装复原，并做标记。

2. 验收项目

应按照合同进行检查验收、登记。验收内容包括：数量、包装、危险标志。经核对后方可入库，当物品性质未弄清时不得入库。

3. 入库的基本程序是：填写入库单、建立明细账、立卡、建档。

## 二、出库要求

1. 保管员发货必须以手续齐全的发货凭证为依据。

2. 按生产日期和批号顺序先进先出。

3. 对毒害性物品还应执行双锁、双人复核制发放，详细记录以备查。

## 三、其他要求

1. 进入危险化学品储存区域人员、机动车辆和作业车辆，必须采取防火措施。

2. 装卸、搬运危险化学品时应按有关规定进行，做到轻装、轻卸。严禁摔、碰、撞、击、拖拉、倾倒和滚动。

3. 装卸对人身有毒害及腐蚀性的物品时，操作人员应根据其危险性，穿戴相应的防护用品。

4. 不得用同一车辆运输互为禁忌的物料。

5. 修补、换装、清扫、装卸易燃、易爆物料时，应使用不产生火花的铜制、合金制或其他工具。

## 第六节　危险化学品储存安全操作

**要点掌握：**

危险化学品储存搬运操作应遵守哪些规定？

储存危险化学品的操作人员，搬进或搬出物品必须按不同商品性质进行操作，在操作过程中遵守以下规定：

**一、易燃易爆性物品**

1. 作业人员应穿工作服、戴手套、口罩等必要的防护用具，操作中轻搬轻放，防止摩擦和撞击。

2. 各种操作不得使用能产生火花的工具，作业现场应远离热源与火源。

**真实案例：**

1983 年 3 月 7 日上午 11：15，云南某县化工厂 6 名职工在油库执行卸油任务时，发生油蒸汽爆炸事故，造成 7 人死亡。事故原因系担任卸油任务的 6 名操作工分工为 2 人将汽车上的油桶移至卸油台门口内，另 4 人在油库内搬移油桶、开桶盖、向汽油桶内倒油。汽油罐在油库下层，为卧式椭圆形。开桶使用 12 in 扳手和17 mm呆扳手各一把。当向油罐卸第六桶汽油时，由于桶盖很紧，工人无法拧开，于是负责卸车的一名工人用扳手敲打桶盖时，产生火花，由于油库通风不良，挥发性极强的汽油在油库区空气中已达到爆炸极限，引爆了空气中的汽油蒸汽。

3. 操作易燃液体需穿防静电工作服，禁止穿带钉鞋，大桶不得直接在水泥地面滚动。

4. 桶装的各种氧化剂不得在水泥地面上滚动。

5. 库房内不准分、改装，开箱、开桶，验收和质量检查等需在库房外进行。

**二、腐蚀性物品**

1. 操作人员必须穿工作服，戴护目镜、胶皮手套、胶皮围裙等必要的防护用具。

2. 操作时必须轻搬轻放，严禁背负肩扛，防止摩擦振动和撞击。

3. 不能使用沾染异物和能产生火花的机具，作业现场远离热源和火源。

4. 分装、改装、开箱质量检查等在库房外进行。

**三、毒害性物品**

1. 装卸人员应具有操作毒品的一般知识，操作时轻拿轻放，不得碰撞、倒置，防止包装破损，商品外溢。

2. 作业人员要佩戴手套和相应的防毒口罩或面具，穿防护服。

3. 作业中不得饮食，不得用手擦嘴、脸、眼睛。每次作业完毕，必须及时用肥皂（或专用洗涤剂）洗净面部、手部，用清水漱口，防护用具应及时清洗，集中存放。

## 第七节　危险化学品储存应急情况处理

**要点掌握：**

危险化学品储存发生事故后处理方式有哪些？

危险化学品储存仓库都配置了消防设备、消防设施和灭火药剂。工作人员应该懂得和会使用有关灭火器材。

## 一、易燃易爆性物品

1. 当储存区发生燃爆，其灭火方法见表 5—5。

**表 5—5　　易燃易爆性物品灭火方法**

| 类别 | 品名 | 灭火方法 | 备注 |
|---|---|---|---|
| 爆炸品 | 黑药 | 雾状水 | |
| | 化合物 | 雾状水、水 | |
| 压缩气体和液化气体 | 压缩气体和液化气体 | 大量水 | 冷却钢瓶 |
| 易燃液体 | 中闪点、低闪点、高闪点 | 泡沫、干粉 | |
| | 甲醇、乙醇、丙酮 | 抗溶泡沫 | |
| 易燃固体 | 易燃固体 | 水、泡沫 | |
| | 发乳剂 | 水、干粉 | 禁用酸碱泡沫 |
| | 硫化磷 | 干 粉 | 禁 用 水 |
| 自燃物品 | 自燃物品 | 水、泡沫 | |
| | 烃基金属化合物 | 干 粉 | 禁 用 水 |
| 遇潮湿易燃物品 | 遇潮湿易燃物品 | 干 粉 | 禁 用 水 |
| | 钠、钾 | 干 粉 | 禁用水、二氧化碳、四氯化碳 |
| 氧化剂和有机过氧化物 | 氧化剂和有机过氧化物 | 雾状水 | |
| | 过氧化钠、钾、镁、钙等 | 干 粉 | 禁 用 水 |

2. 各种物品在燃烧过程中会产生不同程度的毒性气体和毒害性烟雾。在灭火和抢救时，应站在上风头，佩戴防毒面具或自救式呼吸器。

3. 如发现头晕、呕吐、呼吸困难、面色发青等中毒症状，立即离开现场，移至空气新鲜处或做人工呼吸，重者送医院诊治。

## 二、腐蚀性物品

1. 部分腐蚀品应急处置方法见表 5—6。

**表 5—6　　部分腐蚀品应急处置方法**

| 品名 | 应急处置 | 禁用 |
|---|---|---|
| 发烟硝酸、硝酸 | 雾状水、干砂、二氧化碳 | 高压水 |
| 发烟硝酸、硫酸 | 干砂、二氧化碳 | 水 |
| 盐酸 | 雾状水、沙土、干粉 | 高压水 |
| 磷酸、氢氟酸、氢溴酸、溴素、氢碘酸、氟硅酸、氟硼酸 | 雾状水、沙土、二氧化碳 | 高压水 |
| 高氯酸、氯磺酸 | 干砂、二氧化碳 | |
| 氯化硫 | 干砂、二氧化碳、雾状水 | 高压水 |
| 磺酰氯、氯化亚砜 | 干砂、干粉 | 水 |
| 氯化铬酰、二氧化磷、三溴化磷 | 干粉、干砂、二氧化碳 | 水 |
| 五氯化磷、五溴化磷 | 干粉、干砂 | 水 |
| 四氯化硅、三氯化铝、四氯化钛、五氯化锑、五氧化磷 | 干砂、二氧化碳 | 水 |
| 甲酸 | 雾状水，二氧化碳 | 高压水 |
| 溴乙酰 | 干砂、干粉、泡沫 | 高压水 |
| 苯磺酰氯 | 干砂、干粉、二氧化碳 | 水 |
| 乙酸、乙酸酐 | 雾状水、沙土、二氧化碳、泡沫 | 高压水 |
| 氯乙酸、三氯乙酸、丙烯酸 | 雾状水、沙土、泡沫、二氧化碳 | 高压水 |
| 氢氧化钠、氢氧化钾、氢氧化锂 | 雾状水、沙土 | 高压水 |
| 硫化钠、硫化钾、硫化钡 | 沙土、二氧化碳 | 水或酸、碱式灭火器 |
| 水合肼 | 雾状水、泡沫、干粉、二氧化碳 | |
| 氨水 | 水、沙土 | |
| 次氯酸钙 | 水、沙土、泡沫 | |
| 甲醛 | 水、泡沫、二氧化碳 | |

2. 消防人员进行应急处置时，应在上风处并佩戴防毒面具。禁止用高压水（对强酸），以防爆溅伤人。

3. 进入口内时立即用大量的水漱口，服大量冷开水催吐或用氧化镁乳剂洗胃。呼吸道受到刺激或呼吸中毒时立即移至新鲜空气处吸氧。接触眼睛或皮肤时，用大量的水或小苏打水冲洗后，敷氧化锌软膏，然后送医院诊治。

4. 灼伤或中毒急救方法

（1）强酸。皮肤沾染则用大量的水冲洗，或用小苏打、肥皂水洗涤，必要时敷软膏；溅入眼睛用温水冲洗后，再用5%小苏打溶液或硼酸水冲洗；进入口内时立即用大量的水漱口，服大量的冷开水催吐，或用氧化镁悬浊液洗胃；呼吸中毒时立即移至空气新鲜处，保持体温，必要时吸氧。

（2）强碱。接触皮肤时用大量的水冲洗，或用硼酸水、稀酸冲洗后涂氧化锌软膏；触及眼睛用温水冲洗；因吸入中毒者移至空气新鲜处；严重者送医院治疗。

（3）氢氟酸。接触眼睛或皮肤后，立即用清水冲洗 20 min 以上，或用稀氨水敷浸后保暖，再送医诊治。

（4）高氯酸。皮肤被沾染后用大量温水及肥皂水冲洗，溅入眼内时用温水或稀硼砂水冲洗。

（5）氯化铬酰。皮肤受伤后用大量的水冲后，用硫代硫酸钠敷伤处后送医诊治，误入口内用温水或2%硫代硫酸钠洗胃。

（6）氯磺酸。皮肤受伤用水冲洗后再用小苏打溶液洗涤，并以甘油和氧化镁润湿绷带包扎，然后送医诊治。

（7）溴。皮肤灼伤以苯洗涤，再涂抹油膏；呼吸器官受伤可嗅氨。

（8）甲醛溶液。接触皮肤先用大量的水冲洗，再用酒精洗后涂甘油；呼吸中毒可移到新鲜空气处，用2%碳酸氢钠溶液雾化后吸入以解除呼吸道的刺激，然后送医院治疗。

## 三、毒害性物品

1. 部分毒害性物品应急处置方法见表 5—7。

**表 5—7　　部分毒害性物品应急处置方法**

| 类别 | 品名 | 应急处置 | 禁用 |
|---|---|---|---|
| 无机剧毒品 | 砷酸、砷酸钠 | 水 | |
| | 砷酸盐、砷及其化合物、亚砷酸、亚砷酸盐 | 水、沙土 | |
| | 亚硝酸盐、亚硒酸酐、硒及其化合物 | 水、沙土 | |
| | 硒粉 | 沙土、干粉 | 水 |
| | 氯化汞 | 水、沙土 | |
| | 氰化物、氰熔体、淬火盐 | 水、沙土 | 酸碱泡沫 |
| | 氢氰酸溶液 | 二氧化碳、干粉、泡沫 | |
| 有机剧毒物 | 敌死通、氯化苦、氟磷酸异丙酯、1240 乳剂、3911、1440 | 沙土、水 | |
| | 四乙基铅 | 干砂、泡沫 | |
| | 马钱子碱 | 水 | |
| | 硫酸二甲酯 | 干砂、泡沫、二氧化碳、雾状水 | |
| | 1605 乳剂、1059 乳剂 | 水、沙土 | 酸碱泡沫 |
| 无机有毒品 | 氟化钠、氟化物、氟硅酸盐、氧化铅、氯化钡、氧化汞、汞及其化合物、碲及其化合物、碳酸铍、铍及其化合物 | 矽土、水 | |
| 有机有毒品 | 氰化二氯甲烷、其他含氰的化合物 | 二氧化碳、雾状水、矽土 | |
| | 苯的氯代物（多氯代物） | 沙土、泡沫，二氧化碳、雾状水 | |
| | 氯酸酯类 | 泡沫、水、二氧化碳 | |

续表

| 类别 | 品名 | 应急处置 | 禁用 |
|---|---|---|---|
| 有机有毒品 | 烷烃（烯烃）的溴代物，醛、醇、酮、酯、苯等的溴化物 | 泡沫、沙土 | |
| | 各种有机物的钡盐、对硝基苯氯（溴）甲烷 | 沙土、泡沫，雾状水 | |
| | 胂有机化合物、草酸、草酸盐类 | 沙土、水，泡沫，二氧化碳 | |
| | 草酸酯类、硫酸酯类、磷酸酯类 | 水、泡沫、二氧化碳 | |
| | 胺的化合物、苯胺的各种化合物、盐酸苯二胺（邻、间、对） | 沙土、泡沫，雾状水 | |
| | 二氨基甲苯、乙萘胺、二硝基二苯胺、苯肼及其化合物、苯酚的有机化合物、硝基的苯酚钠盐、硝基苯酚、苯的氯化物 | 沙土、泡沫、雾状水、二氧化碳 | |
| | 糠醛、硝基萘 | 泡沫、二氧化碳、雾状水、二氧化碳 | |
| | 滴滴涕原粉、毒杀酚原粉、666原粉 | 泡沫、二氧化碳、雾状水、沙土 | |
| | 氯丹、敌百虫、马拉松、安妥、苯巴比妥钠盐、阿米妥尔及其钠盐、赛力散原粉、1-萘甲腈、炭疽牙胞苗、鸟来因、粗蒽、依米丁及其盐类、苦杏仁酸、巴比妥及其钠盐 | 水、沙土、泡沫 | |

2. 中毒急救方法

(1) 呼吸道中毒。

有毒的蒸汽、烟雾、粉尘被吸入呼吸道各部位，发生中毒现象，多表现为喉痒、咳嗽、流涕、气闷、头晕、头疼等。发现上述情况后，中毒者应立即离开现场，到空气新鲜处静卧。对呼吸困难者，可使其吸氧或进行人工呼吸。在进行人工呼吸前，应解开上衣，但勿使其受凉，人工呼吸至恢复正常呼吸后方可停止，并立即送医治疗。无警觉性毒物的危险性更大，如溴甲烷，在操作前应测定空气中的气体浓度，以保证人身安全。

（2）消化道中毒。

经消化道中毒时，中毒者可用手指刺激咽部或注射1%阿扑吗啡0.5 ml以催吐，或用当归150 g、大黄50 g、生甘草25 g，用水煮服以催泻，如系一〇五九、一六〇五等油溶性毒品中毒，禁用蓖麻油、液体石蜡等油质催泻剂。中毒者呕吐后应卧床休息，注意保持体温，可饮热茶水。

（3）皮肤中毒或被腐蚀灼伤时，立即用大量的清水冲洗，然后用肥皂水洗净，再涂一层氧化锌药膏或硼酸软膏以保护皮肤，严重者应送医院治疗。

（4）毒物进入眼睛时，应立即用大量的清水或低浓度医用氯化钠（食盐）水冲洗10～15 min，然后去医院治疗。

## 第八节　废弃危险化学品处置

**要点掌握：**

危险化学品废弃处置原则是什么？

危险化学品具有易燃、易爆、腐蚀、毒害等危险特性，如果对危险化学品及其废弃物管理处置不当，不但会污染空气、水源和土壤，造成生态破坏，而且会对人体的安全与健康造成很大程度的危害。危险化学品处置按《危险化学品安全管理条例》第二十四条规定：处置废弃危险化学品，应依照《固体废物污染环境防治法》和国家有关规定执行。

## 一、废弃危险化学品处置的原则和基本原理

1. 废弃危险化学品处置原则

危险化学品废弃物的安全处置，必须遵循以下原则：

(1) 区别对待，分类处置，严格控制危险废弃物和放射性废弃物。

(2) 集中处置原则。对危险废弃物实行集中处置，不仅可以节约人力、物力、财力，有利于监督管理，也是有效控制乃至消除危险废弃物污染危害的重要形式和主要技术手段。

(3) 无害化处置原则。危险废弃物最终处置原则是，合理地、最大限度地将危害废弃物与生物圈相隔离，减少有毒有害物质释放进入环境的速度和总量，将其在长期处置过程中对人类和环境的影响减至最小程度。

2. 废弃危险化学品处置的基本原理

废弃危险化学品的处置，在设计上采用三道防护屏障组成的多重屏障原理。

(1) 废弃物的屏障系统。根据填埋的危险废弃物的性质进行预处理，包括固化或惰性化处理，以减轻废弃物的毒性或减少渗滤液中有害物质的浓度。

(2) 密封屏障系统。利用人为的工程措施将废弃物封闭，使废弃物渗滤液尽量少地突破密封屏障，向外溢出。

(3) 地质屏障系统。地质屏障系统包括场地的地质基础、外围和区域综合地质技术条件。

## 二、废弃危险化学品处置方法

废弃危险化学品的处置，是指将废弃危险化学品焚烧或用其他改变其物理、化学、生物特性的方法，达到减少已产生的废弃物数量、缩小固体废弃物体积、减少或消除其危险成分的活动，或者将废弃危险物最终置于符合环境保护规定要求的场所或者设施，并不再回收的活动。

废弃危险物处置方法主要有海洋处置和地质处置两大类。海

洋处置包括深海投弃和海上焚烧。地质处置包括土地耕作、永久储存或储留地储存、土地填埋、深井灌注和深地层处置等几种，其中应用最多的是土地填埋处置技术。海洋处置现已被国际公约禁止，因此，地质处置至今仍是世界各国最常采用的一种废弃物处置方法。

# 第六章　危险化学品经营

**学习目标：**

1. 了解危险化学品经营条件。
2. 掌握购买和销售剧毒化学品的规定。
3. 熟悉加油加气站基本知识。
4. 熟悉卸油、加油和加气作业操作知识。
5. 了解经营许可证管理办法。

危险化学品经营单位在组织商品流通过程中，要始终把危险化学品的安全管理放在重要位置，认真抓好。经营活动中，商品的购进、销售、储存、运输，废弃物的处置都要按照国家法律、法规和标准规范的要求认真执行。

## 第一节　经营单位的条件和要求

**要点掌握：**

了解危险化学品经营条件。

### 一、危险化学品经营许可制度

《条例》第二十七条规定：国家对危险化学品经营销售实行许可制度。未经许可，任何单位和个人都不得经营销售危险化学品。

《条例》明确危险化学品经营许可证的发证主体与以前有了

根本的调整。《条例》第二十九条明确规定：危险化学品许可证的发证主体为省、自治区、直辖市人民政府经济贸易管理部门，或者设区的市级人民政府负责危险化学品安全监督管理综合工作的部门。

2002年10月，国家经济贸易委员会第36号令发布的《危险化学品经营许可证管理办法》明确规定：国家安全生产监督管理局负责全国危险化学品经营许可证审批、发放工作的监督管理。

省级发证机关（省、自治区、直辖市人民政府经济贸易主管部门或其委托的安全生产监督管理部门）和市级发证机关（设区的市级人民政府负责危险化学品安全监督管理综合工作的部门）分别负责本行政区域内的危险化学品经营许可证的审批、发放工作及监督管理。危险化学品经营许可证由国家安全生产监督管理局统一印制。

《条例》规定了危险化学品经营许可证的发证程序：

一是申请，经营剧毒化学品和其他危险化学品的，应当分别向省、自治区、直辖市人民政府经济贸易管理部门或者设区的市级人民政府负责危险化学品安全监督管理综合工作的部门提出申请，并附送《条例》第二十八条规定的危险化学品经营企业必须具备的条件的相关证明材料。

二是审查，省、自治区、直辖市人民政府经济贸易管理部门或者设区的市级人民政府负责危险化学品安全监督管理综合工作的部门接到申请后，依照《条例》的规定对申请人提交的证明材料和经营场所进行审查。

三是颁证，经审查符合条件的，颁发危险化学品经营许可证，并将颁布危险化学品经营许可证的情况通报同级公安部门和环境保护部门；对不符合条件的，应书面通知申请人并说明理由。

四是申请人，凭危险化学品经营许可证向工商行政管理部门办理登记注册手续。

## 二、经营条件

《条例》第二十八规定：危险化学品经营企业，必须具备下列条件：

1. 经营场所和储存设施符合国家标准；

2. 主管人员和业务人员经过专业培训，并取得上岗资格；

3. 有健全的安全管理制度；

4. 符合法律、法规规定和国家标准要求的其他条件。

下面分别介绍这些条件：

1. 经营场所和储存设施符合国家标准

《危险化学品经营企业开业条件和技术要求》（GB 18265—2000）规定：

（1）危险化学品经营企业的经营场所应在交通便利、便于疏散处；

（2）危险化学品经营企业的经营场所的建筑物应符合 GBJ 16 的要求；

（3）从事危险化学品批发业务的企业，应将危险化学品存放在经政府管理部门批准的专用危险化学品仓库（自有或租用）。所经营的危险化学品不得存放在业务经营场所。

（4）零售业务的店面应与繁华商业区或居住人口稠密区保持 500 m 以上距离。

（5）零售业务的店面经营面积（不含库房）应不少于 60 $m^2$，其店面内不得有生活设施。

（6）零售业务的店面内只允许存放民用小包装的危险化学品，其存放总质量不得超过 1 t。

（7）零售业务的店面内，危险化学品的摆放应布局合理，禁忌物料不能混放。综合性商场（含建材市场）经营的危险化学品应有专柜存放。

（8）零售业务的店面与存放危险化学品的库房（或罩棚）应有实墙相隔，单一品种存放量不能超过 500 kg，总质量不能超过 2 t。

(9) 零售店面备货库房应根据危险化学品的性质与禁忌，分别采用隔离储存或隔开储存或分离储存等不同方式储存。

2. 主管人员和业务人员经过专业培训，并取得上岗资格

《安全生产法》第十九条规定：矿山、建筑施工单位和危险物品的生产、经营、储存单位，应当设置安全生产管理机构或者配置专职安全生产管理人员。

《安全生产法》第二十条规定：生产经营单位的主要负责人和安全生产管理人员必须具备与本单位所从事的生产经营活动相应的安全生产知识和管理能力。

危险物品的生产、经营、储存单位以及矿山、建筑施工单位的主要负责人和安全生产管理人员，应当由有关主管部门对其安全生产知识和管理能力考核合格后方可任职。

GB 18265—2000 对危险化学品经营单位负责人的条件做出具体规定：危险化学品经营企业的法定代表人或经理应经过国家授权部门的专业培训，取得合格证书方能从事经营活动。对业务经营人员的从业条件明确了具体规定：企业业务经营人员应经国家授权部门的专业培训，取得合格证书方能上岗。

3. 有健全的安全管理制度

一般，要有危险化学品购销管理制度；剧毒物品购销管理制度；危险化学品经营手续环节交接责任管理制度；危险化学品运输管理制度；经营人员岗位责任制；商品储存保管管理制度等。

4. 符合法律、法规规定和国家标准要求的其他条件

《安全生产法》第三十四条规定：生产、经营、储存、使用危险物品的车间、商店、仓库不得与员工宿舍在同一座建筑物内，并应当与员工宿舍保持安全距离。

生产经营场所和员工宿舍应当设有符合紧急疏散要求、标志明显、保持畅通的出口。禁止封闭、堵塞生产经营场所或者员工宿舍的门口。

GB 18265—2000 明确零售业务的范围：零售业务只许经营除爆炸品，放射性物品、剧毒物品以外的危险化学品。

（1）零售业务的店面内显著位置应设有“禁止明火”等警示标志。

（2）零售业务的店面内应放置有效的消防、急救安全设施。

（3）零售业务的店面备货库应报公安、消防部门批准。

（4）运输危险化学品的车辆应专车专用（按《条例》规定只能委托有危险化学品运输资质的运输企业承运），并有明显标志。

**三、经营危险化学品的规定**

《条例》第三十条对危险化学品经营做了规定：

1. 经营危险化学品，不得有下列行为：

（1）从未取得危险化学品生产许可证或者危险化学品经营许可证的企业采购危险化学品；

（2）经营国家明令禁止的危险化学品和用剧毒化学品生产的灭鼠药，以及其他可能进入人民日常生活的化学产品和日用化学品；

（3）销售没有化学品安全技术说明书和化学品安全标签的危险化学品。

2. 危险化学品生产企业不得向未取得危险化学品经营许可证的单位或者个人销售危险化学品。

3. 危险化学品经营单位储存危险化学品，应当遵守《条例》第二章的有关规定。危险化学品商店内只能存放民用小包装的危险化学品，其总量不得超过国家规定的限量。

## 第二节　剧毒化学品的经营

**要点掌握：**

掌握购买和销售剧毒化学品的规定。

经营剧毒化学品的企业要申领剧毒化学品经营许可证。经营剧毒品要设专人，并经过专业培训。剧毒品的经营人员要了解所经营的剧毒品的具体性质；了解其主要用途；了解防护措施；了解剧毒品经营、储存、运输的有关规定；严格认真执行岗位职责。

**一、购买剧毒化学品应遵守的规定**

《条例》第三十四条明确了购买剧毒化学品应当遵守下列规定：

1. 生产、科研、医疗等单位经常使用剧毒化学品的，应当向设区的市级人民政府公安部门申请领取购买凭证，凭购买凭证购买；

2. 单位临时需要购买剧毒化学品的，应当凭本单位出具的证明（注明品名、数量、用途）向设区的市级人民政府公安部门申请领取准购证，凭准购证购买；

3. 个人不得购买农药、灭鼠药、灭虫药以外的剧毒化学品。

剧毒化学品生产企业、经营企业不得向个人或者无购买凭证、准购证的单位销售剧毒化学品。剧毒化学品购买凭证、准购证不得伪造、变造、买卖、出售或者以其他方式转让，不得使用作废的剧毒化学品购买证、准购证。

剧毒化学品购买凭证的式样和具体申领办法由国务院公安部门制定。

**二、销售剧毒化学品应遵守的规定**

《条例》第三十三条规定：剧毒化学品经营企业销售剧毒化学品，应当记录购买单位的名称、地址和购买人员的姓名、身份证号码及所购剧毒化学品的品名、数量、用途。记录应当至少保存一年。

剧毒化学品经营企业应当每天核对剧毒化学品的销售情况；发现被盗、丢失、误售等情况时，必须向当地公安部门报告。

剧毒品的发运要按《条例》规定：委托有资质认定的运输企

业。通过公路运输剧毒化学品的，委托人应当向目的地的县级人民政府公安部门申请办理剧毒化学品公路运输通行证。

办理剧毒化学品公路运输通行证，委托人应当向公安部门提交有关危险化学品的品名、数量、运输始发地和目的地、运输路线、运输单位、驾驶人员、押运人员、经营单位和购买单位资质情况的材料。

## 第三节　汽车加油加气站的经营

**要点掌握：**

1. 熟悉加油加气站基本知识；
2. 了解加油、加气站工艺及设施知识；
3. 熟悉卸油、加油和加气作业操作知识。

加油加气站是石化销售企业的最基层单位，是成品油和气的销售终端环节，是连接零售企业和消费者的桥梁和纽带；是展示石化企业形象的窗口。加油加气站也是城镇建设的基础设施，与我国交通运输事业的发展有着十分密切的关系。截至 2001 年，全国加油站总量突破 10 万座大关，其中中国石化企业的加油站拥有量达到 2.45 万余座。天然气和液化石油气加气站也在最近几年迅速发展，它对推动市场经济的发展，节约能源，提高效益，带动城乡建设的发展起到了不可忽视的作用。但是，也应看到在迅猛发展的同时，一些社会加油加气站、边远山区的加油站（点）设备简陋，工作人员少，又没有经过专门的安全技术知识及操作技能的培训，安全素质较差，一旦发生火灾爆炸事故，将会给国家财产和人身安全带来不可估量的损失。因此，加油站的安全绝不能忽视，应引起高度的重视。

## 一、加油加气站基本知识

1. 加油加气站术语

（1）加油加气站。加油站、液化石油气加气站、压缩天然气加气站、加油加气合建站的统称。

（2）加油站。为汽车油箱充装汽油、柴油的专门场所。

（3）压缩天然气加气站。为燃气汽车储气瓶充装车用压缩天然气的专门场所。

（4）液化石油气加气站。为燃气汽车储气瓶充装车用液化石油气的专门场所。

（5）加油加气合建站。既可为汽车油箱充装汽油、柴油，又可为燃气汽车储气瓶充装车用液化石油气或压缩天然气的专门场所。

（6）站房。用于加油加气站管理和经营的建筑物。

（7）加油岛。用于安装加油机的平台。

（8）加气岛。用于安装加气机的平台。

（9）埋地油罐。采用直接覆土或罐池充沙（细土）方式埋设在地下，且罐内最高液面低于罐外4 m，范围内地面的最低标高0.2 m的卧式油品储罐。

（10）埋地液化石油气罐。采用直接覆土或罐池充沙（细土）方式埋设在地下，且罐内最高液面低于罐外4 m，范围内地面的最低标高0.2 m的卧式液化石油气储罐。

（11）密闭卸油点。埋地油罐以密闭方式接卸汽车油罐车所载油品的固定接头处。

（12）卸油油气回收系统。将汽油油罐车卸油时产生的油气回收至油罐车里的密闭油气回收系统。

（13）加油油气回收系统。将给汽车加油时产生的油气回收至埋地汽油罐的密闭油气回收系统。

（14）加气机。给汽车储气瓶充装液化石油气或压缩天然气，并带有计量、计价装置的专用设备。

(15) 拉断阀。在一定外力作用下可被拉断成两节，拉断后具有自密封功能的阀门。

(16) 压缩天然气加气子站。用车载储气瓶运进压缩天然气，为汽车进行加气作业的压缩天然气加气站。

(17) 储气井。压缩天然气加气站内用于储存压缩天然气的立井。

2. 汽油

(1) 汽油的牌号。

汽油牌号是按照辛烷值研究法划分的，一般汽车使用的汽油分为 90 号、93 号、97 号等 3 个牌号，无铅汽油分为 90 号、93 号、95 号等牌号。

(2) 理化特性。

分子式：$C_5H_{12}$～$C_{12}H_{26}$

沸点：40～200℃

凝固点：＜－60℃

相对密度（水＝1)：0.67～0.71，(空气＝1)：3～4

外观性状：无色或淡黄色液体，具有挥发性和易燃性，有特殊气味

溶解性：不溶于水，易溶于苯、二硫化碳、醇，极易混溶于脂肪

稳定性：稳定

(3) 燃爆特性。

闪点：－50℃

自燃点：255～390℃

火灾危险类别：甲$_B$

爆炸极限：1.4%～7.6 %

最大爆炸压力：0.183 0 MPa

危险特性：其蒸汽与空气能形成爆炸性混合物，遇明火、高热易引起燃烧爆炸，与氧化剂接触能发生强烈反应。蒸汽比空气

重，能在较低处扩散到相当远的地方，遇明火会引起回燃。若遇高温，容器内压增大，有开裂和爆炸的危险。

灭火剂种类：泡沫、干粉、沙土、$CO_2$、1211，用水灭火无效。

（4）毒性、健康危害及处理方法。

毒性：麻醉性毒物

接触限值：300 mg/m$^3$

健康危害：主要是引起中枢神经系统功能障碍。高浓度时可引起呼吸中枢麻痹。轻度中毒的表现有：头痛、头晕、四肢无力、恶心等症状。重度中毒的表现有：高浓度汽油蒸汽可引起中毒性脑病，部分患者出现中毒性精神病症状。汽油直接吸入呼吸道可引起吸入性肺炎。

皮肤接触处理：脱去污染的衣着，用肥皂水及清水彻底冲洗。

眼睛接触处理：立即翻开上下眼睑，用流动的清水冲洗 10 min或用 2%碳酸氢钠溶液冲洗并敷硼酸眼膏。处理完毕立即送医院。

吸入处理：迅速脱离现场至空气新鲜处，保暖并休息。呼吸困难时给予输氧。呼吸停止时，立即进行人工呼吸。处理完毕立即送医院。

食入处理：误食者立即漱口，饮牛奶或植物油，洗胃并灌肠。处理完毕立即送医院。

（5）储存与使用注意事项。

1）在储存、运输、使用中严禁接近火种，防止静电、防止汽油蒸汽积聚；

2）不能用汽油做溶剂和清洗零件，严禁用嘴吸汽油，避免接触皮肤；

3）为防止夏季气温高的地区汽车发生气阻，要加强发动机室通风；

4）不允许用汽油代替煤油作照明油使用，以免发生中毒和火灾；

5）在储运，接触油品过程中，严防水分、杂质及其他油品混入；

6）汽油发生泄漏时，禁止无关人员进入污染区，切断火源。应急处理人员佩戴自给式呼吸器，穿一般消防防护服；在确保安全情况下堵漏。

3. 柴油

（1）柴油的牌号。柴油按照凝点区分，轻柴油一般分为10号、0号、－10号、－20号、－35号、－50号6个牌号。其牌号的含义为：如－10号轻柴油的凝点规定为不高于－10℃。宽馏分轻柴油按凝点分0号、－10号、－20号3个牌号。重柴油按凝点分为10号、20号、30号3个牌号。

（2）理化特性。

凝固点：－35～10℃

相对密度：0.87～0.9

外观与性状：稍有黏性的浅黄色至棕色液体

稳定性：稳定

（3）燃爆特性。

闪点：45～65℃

爆炸极限：1.5％～6.5％

火灾危险类别：$乙_B$

自燃点：227～250℃

危险特性：遇明火、高热或与氧化剂接触有引起燃烧爆炸的危险。若遇高温，容器内压增大，有开裂和爆炸的危险。

灭火剂种类：泡沫、干粉、$CO_2$、1211、沙土。

（4）毒性、健康危害及处理方法。

毒性：具有刺激作用

健康危害：对皮肤、眼、鼻有刺激作用。皮肤接触柴油可引起接触性皮炎、油性痤疮。吸入柴油雾滴可引起吸入性肺炎。

皮肤接触处理：脱去污染的衣着，用肥皂水及清水彻底冲洗。

眼睛接触处理：立即翻开上下眼睑，用流动的清水或生理盐水冲洗至少 15 min。处理完毕立即送医院。

吸入处理：迅速脱离现场至空气新鲜处，保持呼吸通畅，保暖并休息。呼吸困难时给予输氧。呼吸停止时，立即进行人工呼吸。处理完毕立即送医院。

食入处理：误食者立即漱口，饮足量温水，尽快洗胃。处理完毕立即送医院。

（5）储存与使用注意事项。

1）防止水分、机械杂质混入；

2）严禁与汽油混合后用于照明或烧煤油炉；

3）同一级别、牌号不同的柴油，由于它们的质量指标（除凝点和冷滤点外）基本相同，所以，当资源不足时，可以在适合气温用油的情况下混合，但必须严格执行掺混的配比标准，不得随意乱掺兑；

4）严禁曝晒及明火加热，尽量在较低的温度下储存。冬季使用柴油时，可进行必要的预热；

5）柴油在使用前，都必须经过沉淀、过滤，除去杂质和水分；

6）柴油发生泄漏时，切断火源，禁止无关人员进入污染区。穿一般消防防护服，在确保安全情况下堵漏。

4. 液化石油气

液化石油气是呈液体状态的石油气，是石油气经加压或降温后而成的液态烃混合物。液化石油气的主要成分有丙烷、丁烷、丙烯、丁烯和丁二烯，还含有少量的甲烷、乙烷、戊烷、硫化物等杂质。

液化石油气具有以下五个方面的特性：

（1）常温易气化。液化石油气在常温常压下的沸点低于−50℃，因此它在常温常压下易气化。1 L 液化石油气可气化成250～350 L，而且比空气重1.5～2.0倍。由于气态液化石油气比空气重，所以，泄漏时常常滞留聚集在地板下面的空隙及地沟、下水道等低洼处，一时不易被吹散，即使在平地上，也能顺风沿地面飘流到远处而不易扩散到空中。因此，在储存、灌装、运输、使用液化石油气的过程中，一旦发生泄漏，远处的明火也能将逸散的石油气点燃而引起燃烧或爆炸。

（2）受热易膨胀。液化石油气受热时体积膨胀，蒸汽压力增大。在15℃时其体积膨胀系数，丙烷为0.003 6，丁烷为0.002 12，丙烯为0.002 94，丁烯为0.002 03，相当于水的10～16倍。随着温度的升高，液态体积会不断地膨胀，气态压力也不断增加，大约温度每升高1℃，体积膨胀0.3%～0.4%，气压增加0.02～0.03 MPa。国家规定按照纯丙烷在48℃时的饱和蒸汽压确定钢瓶的设计压力为1.6 MPa，在60℃时刚好充满整个钢瓶来设计瓶内容积，并规定钢瓶的灌装量为0.42 kg/L，在常温下液态体积大约占钢瓶内容积的85%，留有15%的气态空间供液态受热膨胀。所以，在正常情况下，环境温度不超过48℃，钢瓶是不会爆炸的。如果钢瓶接触热源（如用开水烫、用火烤或靠近供热设备等），那就很危险。因为温度升高到60℃时钢瓶内就完全充满了液化石油气，气体膨胀力直接作用于钢瓶，而后温度再每升高1℃，压力就会急剧增加2～3 MPa。钢瓶的爆破压力一般为8 MPa，此时温度只要升高3～4℃，钢瓶内的气压就可能超过其爆破压力而爆炸。如果超量灌装钢瓶，那就更加危险。

（3）流动易带电。液化石油气的电阻率约为$10^{11}$～$10^{14}$ Ω·m，流动时易产生静电。实验证明，液化石油气喷出时产生的静电电压可达9 000 V以上。这主要是因为液化石油气是一种多组分的混合气体，气体中常含有液体或固体杂质，在高速喷出时与管口、喷嘴或破损处产生强烈摩擦所致。液化石油气中含液体和固体杂质越多，在管道中流动越快，产生的静电荷也就越多。据测试，静电电压在350～450 V时所产生的放电火花就可点燃或点爆。

(4) 遇火易燃爆。液化石油气的爆炸极限约为1.7%～9.7%，自燃点约为446～480℃，最小引燃（爆）能量约为0.26 mJ。就是说，液化石油气在空气中的浓度处在1.7%～9.7%的范围内，只要受到0.26 mJ点火能量的作用或受到446～480℃点火源的作用即能引起燃烧或爆炸。1 kg液化石油气与空气混合浓度达到4%（化学计量浓度）时，能形成12.5 $m^3$ 的爆炸性混合气，爆速可达2 000～3 000 m/s，爆炸威力相当于10～20 kgTNT（炸药）爆炸的当量。在标准状况下，1 $m^3$ 液化石油气完全燃烧大约需要30 $m^3$ 的空气，产生100 760 kJ的热量，形成2 100℃的火焰温度。可见，液化石油气一旦燃爆，将会造成严重危害。

(5) 含硫易腐蚀。液化石油气中大都含有不同程度的微量硫化氢。硫化氢对容器设备内壁有腐蚀作用，含量越高，腐蚀作用越强。据测定，民用液化石油气中，硫化氢对钢瓶的内腐蚀速度可高达0.1 mm/年。液化石油气容器是一种受压容器，内腐蚀可使容器壁变薄，降低容器的耐压强度，缩短容器的使用年限，导致容器穿孔漏气或爆裂，引起火灾爆炸事故。同时，容器内壁因受硫化氢的腐蚀作用会生成硫化铁粉末，附着在容器壁上或沉积于容器底部，随残液倒出，遇空气还有生热引起自燃的危险。

5. 天然气

(1) 理化性质。天然气是一种含碳氢物质的可燃气体。它的基本成分是烃类。以甲烷为主，一般组成比（体积）为70%～90%，其次是重烃类（即乙烷、丙烷和丁烷的总称），组成比为3%～27%；非烃类成分主要是二氧化碳、氮、氦、硫化氢、氢和惰性气体，通常组分比较少，最大不超过15%。无硫化氢时为无色无臭易燃易爆气体，密度多在 0.6～0.8 g/cm$^3$，比空气轻。通常将含甲烷高于 90％的称为干气，含甲烷低于 90％的称为湿气。能溶于乙醇、乙醚，微溶于水，易燃，燃烧时呈青白无火焰，火焰温度约为 1 950℃。

凝固点：－183℃

沸点：－161.5℃

闪点：－190℃

自燃点：540℃

爆炸极限：5.3％～15％

最易引燃浓度为 7.5％，产生最大爆炸压力的浓度为 9.8％，最大爆炸压力为 70.3 N/cm$^2$。

（2）毒性。天然气的毒性因其化学组成不同而异。原料天然气含硫化氢，毒性随硫化氢浓度增加而增高。净化天然气（已经脱硫处理），如家用天然气主要毒性成分是甲烷。通风不良时燃气的毒性主要来自一氧化碳。

（3）临床表现。天然气急性中毒临床表现多样化，或呈甲烷中毒表现，或呈硫化氢中毒表现，或两者兼有，但主要为中枢神经系统和心血管系统的临床表现。轻者头痛、头晕、胸闷、恶心、呕吐、乏力，重者昏迷、紫绀、咳嗽、胸痛、呼吸急促、呼吸困难、抽搐、心律失常，部分病例出现精神症状。有脑水肿、肺水肿、心肌炎、肺炎等并发症。心电图检查可出现心动过速或过缓心房颤动 ST－T 改变左室高电压。X 线检查可有肺部纹理增粗增多、单侧或双侧边缘不清的肺部点、片状阴影。实验室检查有一时性白细胞数和血红蛋白量增加，血浆二氧化碳结合力下降，非蛋白氮轻度升高，血钾升高。约 16.5％中毒者留有后遗症，主要表现为神经系统症状头痛、头昏、乏力、多梦、失眠、反应迟钝、记忆力下降，个别有阵发性肌颤、失语、偏瘫，经过适当治疗可以恢复正常，即使严重的后遗症也呈可逆性。长期接触天然气，主要表现为类神经症，头晕、头痛、失眠、记忆力减退、恶心、乏力、食欲不振等。

(4) 治疗。其一，脱离中毒现场，呼吸新鲜空气或给氧，注意保暖；其二，对症处理；其三，防治并发症；其四，治疗后遗症。

(5) 防治。开采天然气时，要加强生产设备的密闭化和通风排毒，建立安全检查制度，严格遵守操作规程及安全制度。以日常天然气作燃料时，应注意管道及设备密闭性，防止漏气。

(6) 天然气泄漏事故处置。了解了天然气的特点和危险性质后，问题就比较简单了。各级指挥员在处置事故过程中，就可以放心大胆的采取应对措施，按照灭火抢险救援处置程序，该堵漏的实施堵漏，该切断气源的切断气源，如果发生着火的情况，先处置再实施灭火。对钢瓶泄漏的气体用排风机排送至空旷地方放出或装置煤气喷头烧掉。

(7) 消防措施。用碳酸氢钠、碳酸氢钾、磷酸二氢铵等化学干粉、二氧化碳或卤代烃等灭火。

6. 润滑油

润滑油在机器设备中主要起润滑、冷却、防腐防锈、清洁冲洗、密封等作用。正确选用和合理使用润滑油，对机器设备的正常运转和延长设备使用寿命有着重要作用。

(1) 汽油机油。汽油机油根据汽车类别的不同，选择的品种代号也不同，一般分为SC、SD、SE、SF、SG、SH和SJ七种。汽油机油黏度选择时，主要取决于气温，不同黏度等级的汽油机油适用的范围要根据地区和季节进行选择，使用时查有关手册。储存和使用时应注意以下三点：

1) 不同质量等级、不同黏度牌号的汽油机油应分别储存。不同厂家生产的汽油机油不宜混合使用，如必须混用时，应先做相容性试验。

2) 在换油时应将曲轴箱及润滑系统清洗干净，以免污染新油。装油容器和加油工具要保持清洁，应存放在仓库中妥善保管，避免日晒雨淋，以防水和杂质混入。

3）高档油可以代替低档油使用，而低档油不能代替高档油，特别是档次相差较大的低档油更不能代用。

（2）柴油机油。柴油机油分类品种代号分为CC、CD、CD—Ⅱ、CE、CF—4 和 CG4 六种。柴油机油黏度等级的选择与汽油机油相同。储存和使用时应注意以下几点：

1）不同质量等级、不同黏度牌号的柴油机油应分别储存。不同厂家生产的柴油机油不宜混合使用，如必须混用时，应先做相容性试验。

2）在换油时应将曲轴箱及润滑系统清洗干净，以免污染新油。

3）柴油机油使用、储存中，应避免水分或杂质混入。

4）高档机油可以代替低档机油使用。

5）应选用黏度略小而能保证发动机正常润滑的柴油机油，若黏度过大会使燃油消耗量增加，发动机功率下降。为了延长柴油机油的作用期限，换油前要将污油放净，清洗残存油品，然后加入新油，以防降低使用效果。

6）销售润滑油同样应遵循“存新发旧”的原则。

**二、站址的选择与平面布置**

1. 等级的划分

（1）加油站。加油站等级主要依据储油罐的容量大小进行划分。油罐总容积小于60 $m^3$，单罐容积小于30 $m^3$以下为三级站；油罐总容积60～120 $m^3$，单罐容积小于50 $m^3$以下为二级站；油罐总容积 120～180 $m^3$，单罐容积小于50 $m^3$以下为一级站。其中柴油罐容积可以折半计入油罐总容积。由于一级站储存容量大，对周边地区影响较大，所以在人口稠密的主城区一般不建一级加油站。

（2）液化石油气加气站。液化石油气气罐总容积小于30 $m^3$，单罐容积小于 30 $m^3$ 的站为三级站；气罐总容积 30～45 $m^3$，单罐容积小于 30 m$^3$ 的站为二级站；气罐总容积 45～60 m$^3$，单罐容积小于 30 m$^3$ 的站为一级站。

（3）压缩天然气加气站。压缩天然气加气站储气设施的总容积应根据加气汽车数量，每辆汽车加气的时间等因素综合确定，在城市建成区内不应超过 16 m$^3$。

2. 站址的选择与平面布置

加油加气站的站址选择，应符合城镇规划、环境保护和防火安全的要求，并应选择在交通便利的地方。主城区内不应建一级加油站、一级加气站、一级液化石油气站和一级加油加气合建站。加油、加气或合建站设施、设备与站外建筑、构筑物的防火距离，应符合国家规定。

加油站、加气站或加油加气合建站的总平面布置：

（1）加油加气站的工艺设施与站外建筑物的距离大小不同而设置不同的围墙：

1）不符合标准，设置高 2.2 m 的非燃烧实体围墙；

2）符合标准，相邻一侧宜设置隔离墙，隔离墙可为非实体围墙；

3）面向进、出口道路的一侧宜设非实体围墙，或开敞。

（2）车辆入口和出口应分开设置。

（3）站内停车场和道路不应采用沥青路面；其单车道宽度不小于 3.5 m，双车道宽度不小于 6 m。

（4）加油岛、加气岛与汽车加油、加气场地宜设罩棚，罩棚应采用非燃烧材料制作，其有效高度不应低于 4.5 m。

（5）加油岛、加气岛的设计应高出停车场的地平面 0.15～0.2 m、宽度不小于 1.2 m。

（6）液化石油气罐的布置应符合下列规定：

1）地上罐应集中单排布置，罐与罐之间的净距不应小于相邻较大罐的直径；

2）地上罐组四周应设置高度为 1 m 的防火堤，防火堤内堤脚线至罐壁净距不应小于 2 m；

3）埋地罐之间的距离不应小于 2 m，罐与罐之间应采用防渗混凝土墙隔开。

(7) 加油、加气合建站内，宜将柴油罐布置在液化石油气罐或压缩天然气储气瓶组与汽油罐之间。

**三、工艺及设施**

1. 加油站工艺及设施

(1) 油罐。

1）加油站油罐一般为卧式油罐，容积为 15～50 m$^3$，材料选用钢板卷制焊接，在储油罐的圆周上焊接了 1～2 个人孔，在埋地前应进行防腐处理，投产使用年限内必须定期清罐排污，并检查油罐的腐蚀程度。

2）油罐的人孔，应设操作井。

3）油罐顶部覆土厚度不应小于 0.5 m。油罐的周围，应回填干净的沙子或细土，其厚度不应小于 0.5 m。

4）油罐各接合管，应设在油罐的顶部，其出油接合管宜设在人孔盖上。

5）油罐的进油管，应向下伸至罐内距罐底 0.2 m 处。

6）油罐的量油孔应设带锁的量油帽，量油帽下部的接合管宜向下伸至罐内距罐底 0.2 m 处。

(2) 工艺系统。

1）加油站的基本工艺流程系统为：

汽车罐车→储油罐→（潜油泵）→加油机→受油容器。常用标准式加油系统和潜油泵式。

标准式加油系统如图 6—1 所示。

潜油泵式是将潜油泵安装在油罐内，加油机中没有泵，这种方式已广泛使用，如图 6—2 所示。

2）油罐车卸油必须采用密闭方式。

3）加油机不得设在室内，加油枪宜采用自封式加油枪，流

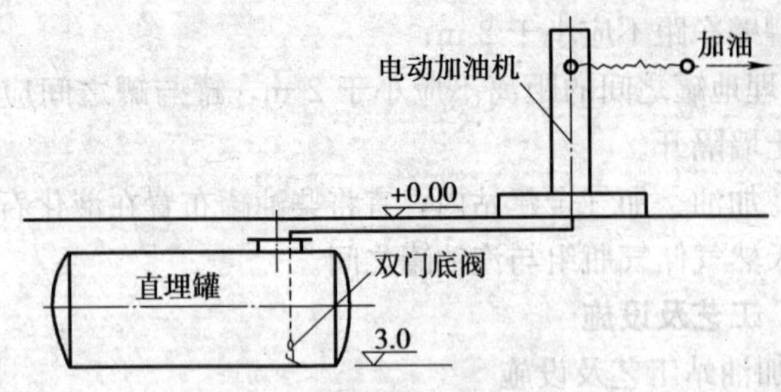


图 6—1　标准式加油系统

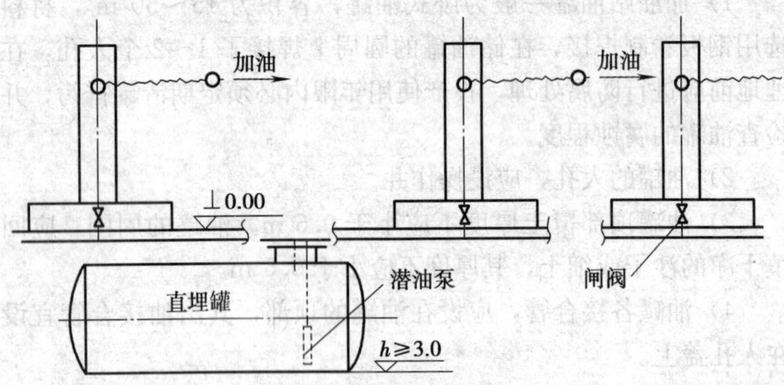


图 6—2　潜油泵式加油系统

量不应大于 60 L/min。

4）加油站内的工艺管道应埋地敷设，且不得穿过站房等建筑、构筑物。

5）汽油罐与柴油罐的通气管，应分开设置，管口需安装阻火器，并且应高出地面 4 m 及以上；沿建筑物的墙（柱）向上敷设的通气管口，应高出建筑物顶面 1.5 m 及以上。

2. 液化石油气加气站工艺及设施

液化石油气加气站主要设施包括：储罐、泵和压缩机、加气机、卸车点、加气岛、站房、消防设施等。

（1）液化石油气储罐。

1）储罐应采用卧式罐，其设计压力不应小于 1.77 MPa。

2）储罐的出液管道端口接管位置，应按选择的充装泵要求确定，其他管道端口位置宜设置在罐顶。进液管道和液相回流管道宜接入储罐内的气相空间。

3）储罐配置的阀门及附件系统设计压力不应小于 2.5 MPa。

4）液化石油气储罐必须设置全启封闭式弹簧安全阀。安全阀应装设相应口径的放空管。

5）液化石油气储罐必须设置就地指示的液位计、压力表和测量液化石油气液相和气相的温度计。应设置液位上、下限报警装置，并宜设置液位上限位控制和压力上限报警装置。

（2）泵和压缩机。

1）加气站内液化石油气泵，主要包括卸车泵和向燃气汽车加气的充装泵。

2）充装泵的计算流量根据所供应的加气枪数量确定。

3）加气站内所设的卸车泵流量不应小于 300 L/min。

4）充装泵的管路系统应符合下列要求：在泵的出口阀门前的旁通管路上应设置回流阀；泵的进、出口管道上应安装压力表。

5）储罐罐体内的吸液管口处应设置止回阀。

6）潜液泵的管路系统除应符合一般要求外，还应在安装潜液泵的筒体下部设置切断阀和过流阀，切断阀应在罐顶部操作。

7）液化石油气压缩机进、出口管道阀门及附件的设置应符合下列规定：

进口管道应设置过滤器；出口管道应设置止回阀和安全阀；进口管道和储罐的气相之间应设置旁通阀。

（3）液化石油气加气机。

1）加气机数量应根据加气汽车数量，并按每辆汽车净加气时间 3～5 min 计算确定。

2）加气机和加气枪的选择应符合下列规定：加气机具有充

装和计量功能；加气枪的流量不大于 60 L/min；加气系统设计压力不应小于 2.5 MPa；加气软管设有拉断阀（在一定外力作用下可被拉断成两节，拉断后具有密封功能的阀门），分离拉力宜为 400～600 N；加气枪上的加气嘴和汽车受气口配套。加气嘴配置自密封，卸开连接后液体泄露量不应大于 5 mL。

3）加气机的液相管道上应设置紧急切断阀或过流切断阀。紧急切断阀和过流切断阀应符合下列规定：当加气机被撞时，设置的紧急切断阀能自行关闭；过流切断阀关闭流量应为最大流量的 1.6～1.8 倍；紧急切断阀或过流切断阀宜设置在加气机侧面手井内，阀后管道必须牢固固定。当加气机被撞时，该阀的管道系统不得受到损坏。阀门手井内空间不应大于 0.1 $m^3$。

（4）液化石油气管道。液化石油气管道应选用无缝钢管，其管件材质应与管道材质相同，管道上的阀门及其他配件的材质宜为碳素钢，严禁采用铸铁件。液化石油气管道、管件以及液化石油气管道上的阀门和其他配件的公称压力不得小于 2.5 MPa，管道系统上的胶管应采用钢丝缠绕的高压胶管，承压能力不小于 6.4 MPa。管道的连接宜采用焊接连接，管道与储罐及其他设备的连接处宜采用法兰连接。

（5）液化石油气加气站工艺。液化石油气由槽车运至加气站，利用槽车上的卸液泵将液化石油气卸入 LPG 储罐中。当有 LPG 汽车进站加气时，利用储罐中的潜液泵将 LPG 注入加气机中，最后通过 LPG 加气机为 LPG 汽车加注液化石油气。加气站工艺流程如图 6—3 所示。

压力计、温度计、液位仪等来监控储罐的压力、温度及液位。当 LPG 槽车卸液时，一旦液化石油气的体积超过储罐容积的 80％时，液位监测系统就会发出信号到控制台，通知工作人员停止卸液。

卸液液相管路中的单向阀是靠卸液时的液体压力打开的，目的是防止液化石油气回流。加气液相管路中的紧急切断阀用于发

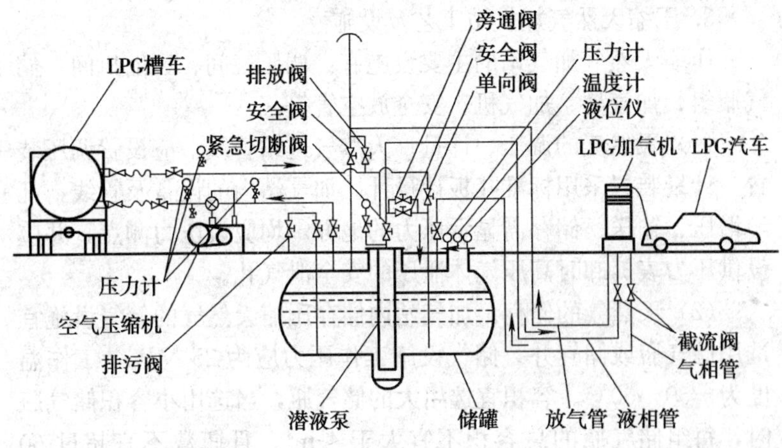


图 6—3　LPG 加气站工艺流程

生紧急情况时，切断储罐和加气机的联系，防止发生泄露。卸液液相管路和加气液相管路之间的安全阀，在加气管路压力过高或加气机流量过大时会打开，使由潜液泵压出的液化石油气部分回流储罐，以降低管路压力或加气机流量。

放气管路及管路中的泄放阀和安全阀的作用是，在储罐或加气机内压力过高时，将液化石油气的蒸汽排放到大气中，以降低压力。排污阀在一般情况下是关闭的，在需要排除储罐中杂质或为了潜液泵而要将储罐中的残余液化石油气排出时打开。

在 LPG 卸液与加气过程中，始终各有两条管路系统构成回路。卸液时，一条是连接 LPG 槽车上部与储罐下部的液相管路；另一条是连接 LPG 槽车下部与储罐上部的气相管路。当 LPG 槽车卸液后，槽车内气相空间增大，储罐内的气相空间减少，为保持 LPG 槽车和储罐内的压力平衡，利用空气压缩机将储罐中 LPG 气体压入 LPG 槽车中。在加气时，一条是在潜液泵出发至加气机的液相管路；另一条是连接加气机与储罐的气相管路，使加气过程中分离出来的气体返回到储罐，以保证整个 LPG 加气系统的正常运行。

3. 压缩天然气加气站工艺及设施

压缩天然气加气站的主要设施有：调压气间、压缩机间、储气瓶组、加气岛、加气机、安全放空管等。

(1) 天然气的调压、计量。天然气进站管线上应设置调压装置，计量装置采用标准孔板计量计。加气站内的设备及管线，凡经增压、输送、储存需显示压力的地方，均应设压力测点，并应设供压力表拆卸时高压气体泄压的安全泄气孔。

(2) 天然气的储存。加气站内储存压缩天然气的储气设施宜选用储气瓶或储气井。储气设施工作压力应为 25 MPa，工作温度为－50～60℃。容积宜选用大的储气瓶，当选用小容积储气瓶时，每组储气瓶的总容积不宜大于 4 $m^3$，且瓶数不宜超过 60 个。

加气站内储气瓶宜按运行压力分为高、中、低三级设置，每级总容积比为 1∶2∶3，各级瓶组自成系统。储气瓶组应固定在独立支架上，宜卧式存放，卧式瓶组限宽为 1 个储气瓶的长度，限高 1.6 m，限长 5.5 m。储气瓶间净距不小于 0.03 m，储气瓶组间距应不小于 1.5 m。储气瓶组距站内汽车通道间距不应小于 5 m，并设有坚固的安全防护栏。

(3) 压缩天然气加气机。

1) 加气机应选用具有自动控制与手动操作功能的型号。

2) 加气机应具有充装与计量功能，并应符合下列要求：额定工作压力为 20 MPa；加气流量不应大于 0.25 $m^3$/min（工作状态）；计量精度不应低于 1.0 级；应设安全限压装置。在寒冷地区应选用适合当地环境温度条件的加气机。

3) 加气机附设的加气软管、拉断阀、加气枪等应符合下列规定：软管及软管接头应选用具有抗腐蚀性能的材料。系统安装完毕进行 2 倍于工作压力的强度试验和 4 MPa 压力的气密性试验。

拉断阀在外力作用下分开后，两端应自行密封，其关闭过程中天然气泄漏量不得大于0.1 $m^3$（标准状态）。当加气软管内天然气工作压力为 20 MPa 时，分离拉力不得大于 400 N。

加气枪的加气嘴应配有自动密封阀，加气完毕卸开后应自行关闭，在其操作过程中天然气泄漏量不得大于0.01 $m^3$（标准状态）。

（4）加气站工艺设施。

1）天然气进站管线上应设置手动紧急切断阀，紧急切断阀的位置应便于发生事故时能及时切断气源。紧急截断阀宜设在阀井内。

2）储气瓶进气总管上应设安全阀及紧急放散管、压力表及超压报警器。每个储气瓶出口应设截止阀。

3）储气瓶组与加气枪之间应设置储气瓶组截断阀、主截断阀、紧急截断阀和加气截断阀，如图 6—4 所示。

4）加气站内缓冲罐、压缩机出口、储气瓶组应设置安全阀。

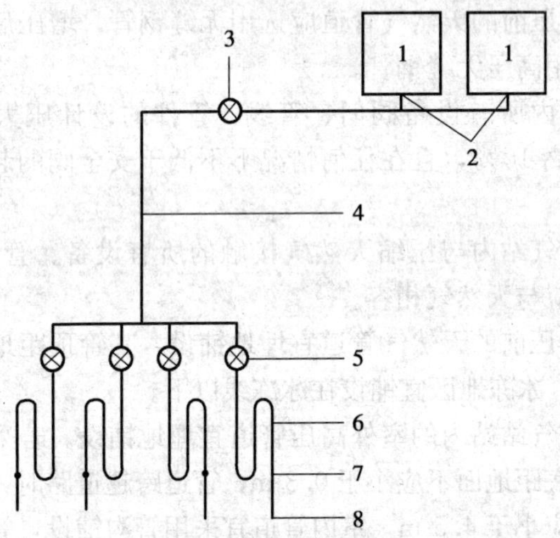


图 6—4　储气瓶组与加气枪间阀门设置示意图

1—储气瓶组（储气井）；2—储气瓶组（储气井）截断阀；3—主截断阀；4—输气管道；5—紧急截断阀；6—供气软管；7—加气截断阀；8—加气枪

5）加气站内天然气管道和储气瓶组应设置安全泄压保护装置，泄压装置应具备足够的泄压能力。泄放气体应符合下列规定：

①泄放量较小，如仪表泄放的气体可排入大气。泄放管宜直向上，管口高出设备平台不应小于 2 m，且高出所在地面 5 m；

②泄放量大于 2 $m^3$，泄放次数平均每小时 2～3 次以上的排放，应设置专用回收罐；

③泄放流量大于 500 $m^3$ 的高压气体，如储气瓶组放气、火灾或紧急检修设备时排放系统气体，应通过放散管迅速排放。

6）加气站的放空管设置应符合下列规定：不同压力级别系统的放空宜分别设置；放空管应设置在室外安全区域，且应高出所在地面 5 m。

（5）压缩天然气管材。

1）增压前的天然气管道应选用无缝钢管，增压后的天然气管道应选用高压无缝钢管。

2）站内所有设备阀门、管线、管件的设计压力应比最大工作压力高 10%，且在任何情况下不低于安全阀的起始工作压力。

3）加气站内与压缩天然气接触的所有设备、管材、管件、垫片等均应与天然气相容。

4）增压前的天然气管道宜埋地铺设，其管顶距地面不应小于 0.5 m，冰冻地区宜铺设在冰冻线以下。

5）加气站站内的室外高压管道宜埋地铺设。若采用低架铺设，其管底距地面不应小于 0.3 m，管道跨越道路时，管底距地面净距不应小于 4.5 m，室内管道宜采用管沟铺设，管沟应用干沙填充，并设活门及通风孔。

**四、卸油、加油和加气作业**

卸油、加油和加气员应按照中国石油化工集团公司加油加气站管理规范的要求和标准进行操作，加油加气员应熟悉加油、加气机性能和操作规程，熟练使用加油、加气枪。加油、加气时必须精力集中，细心快捷地操作，做到不冒不洒。

1. 卸油操作

（1）准备。

1）送油罐车进站后，卸油员立即检查油罐车安全设施是否齐全有效，引导罐车至计量场地。

2）连接静电接地线，按规定备好消防器材，将罐车静置15 min。经计量后准备接卸。

（2）验收。

1）卸油员会同驾驶员核对罐车油品交运单记载的品种、数量，检查确认罐车铅封是否完好。

2）卸油员登上罐车用玻璃试管抽样进行外观（颜色、气味等）检查，如油品质量有异常，应报告站长，拒绝接卸。

3）测量油高、水高，计算油品数量。超过定额损耗，但在规定的0.2%互不找补幅度内，可直接接卸；超过定额损耗，又超过互不找补幅度，应报告站长，通知发货油库派计量员共同复测，复测结果记录在案，油品应予接卸，超耗待行处理。

4）逐项填制进站油品核对单，由驾驶员、卸油员双方签字确认实收数量。

**真实案例：**

1999年1月17日，某加油站从公司油库调进0＃柴油一车，共计8.650 t，在卸油过程中发生溢油事故，经测算，溢油68 L。通过调查发现，该站站长兼计量员在卸油前未计量罐内存油，根据上日营业日报估算罐内存油后便开始卸油，致使发生溢油事故。幸亏站长未远离作业现场，发现及时，未酿成大的损失。

（3）卸油。

1）核对卸油罐与罐车所装品种是否相符。

2）通过液位计或人工计量检测，确认卸油罐的空容量，防止跑、冒油事故的发生。

3）非密闭式卸油，应通知加油员关闭与卸油油罐连接的加油机，暂停加油作业。

4）按工艺流程要求连接卸油管，做到接头结合紧密，卸油管自然弯曲。

5）检查确认油罐计量孔密闭良好。

6）司机缓慢开启罐车卸油阀，卸油员集中精力监视、观察卸油管线、相关闸阀、过滤器等设备的运行情况，随时准备处理可能发生的问题。同时，罐车司机不得远离现场。

7）卸油完毕，卸油员登上罐车确认油品卸净。关好闸阀，拆卸卸油管，盖严罐口处的卸油帽，收回静电导线。

8）引导油罐车离站。

（4）卸后工作。

1）待罐内油面静止平稳后，通知加油员可以开机加油。

2）将消防器材放回原位，整理好现场。

3）据进站油品核对单及油品交运单，填写进货验收登记表和分罐保管账。

2. 加油操作

（1）加油员岗位职责。

1）在站（班）长领导下，做好当班加油工作。

2）主动、热情、规范地为顾客提供加油服务，满足顾客合理要求。

3）熟悉本规范有关内容，了解经营油品的主要性能和应用知识，掌握加油机的性能特点和操作技能，并能判断和排除一般故障。

4）负责本工作场所的安全监督管理，发现不安全因素和危及加油站安全的行为及时阻止和汇报。熟悉站内消防器材性能，并会操作、扑救。

5）做好使用设备和工作环境的卫生工作，保持加油机和工作环境整洁。

6）做好交接班工作，所收现金、支票、票证等如数交清并与加油机累计数码相符，做到手续完备，登记准确、及时。

**真实案例：**

1996 年 11 月，某地加油站的加油员在给顾客加完油后，在挂上加油枪、关闭电动机开关的瞬间，加油机及加油机与油罐之间的管沟突然发生爆炸。管沟上覆盖的水泥盖板被炸起 3 m 多高，管线移位，当场炸毁两台加油机，将加油员炸伤。

事故原因系加油机电动机的防爆性能失效、加油机密封性不好，时有汽油渗出，使机器内部凝聚了浓度较高的油蒸汽，加油站的一条管沟深 0.55 m，宽 0.3 m，长 30 m，一头通向两台加油机，一头通向储油罐。当天接卸两车汽油，加大了管沟内的油气量，达到了爆炸极限，开关火花导致混合气体爆炸。

（2）加油员岗位操作技能要求。

1）熟悉操作程序。作业中能严格按程序操作。加油中必须精力集中，细心快捷地操作，做到不冒不洒。

2）具有良好的服务态度。礼貌待客，主动、热情向顾客介绍油品的质量等情况。

3）为方便顾客，主动、及时疏通加油车道。

4）按量加油，按质收款，不弄虚作假。

5）爱护设备和器材，保持环境清洁卫生。

6）提高服务质量，热心为顾客服务，坚持“三主动”，即主动迎车就位、主动询问加油品种及数量、主动开关油箱盖。

7）担负站里的安全防火和治安保卫工作。

(3) 加油操作程序。

1）准备

①当车辆驶入站时，加油员主动引导车辆进入加油位置。

②车辆停稳，发动机熄火后，加油员应主动将油箱盖板打开（带锁的可等顾客开锁后再打开）。

③您好！请问加什么油？加多少升？同时将加油机泵码回零，并请顾客确认。

2）加油

①定量加油（微机加油）

A. 根据顾客要求输入加油数据。

B. 根据顾客要求的油品将对应的加油枪插入车辆油箱中，提示顾客确认无误后打开加油枪加油。

C. 加油完毕，加油员须对照加油机（显示屏）的显示值，请顾客确认所加品种、数量无误后，方可收回油枪。

D. 把油箱盖拧紧，关上油箱盖板。

②非定量加油

A. 根据加油机（显示屏）的显示值，请顾客确认所加品种、数量无误后，方可收回油枪。

B. 把油箱盖拧紧，关上油箱盖板。

3）结算

①收取现金、加油票时，加油员必须当面唱票，并注意分辨真伪。发现假票立即没收，发现假钞应拒收，并及时报告站（班）长处理。

②收取现金、加油票时必须按实找零。

③收取定点加油记账卡（单）时，加油员与顾客双方共同签字确认，并收回本站留存记账卡（单）。

4）清理

①当加油、结算等程序完成后，使用文明用语，及时引导车辆离开加油岛。

②当继续有车辆来站加油时，按上述程序进行加油操作。

③当暂时无车辆来站加油时，清理手中油票、现金、记账卡（单），及时上交银台或做好加油机及加油岛区域的卫生工作。

3. 加气员作业操作规程

（1）加气操作人员必须具备 LPG 知识及消防知识，并应持证上岗操作。

（2）加气员在确认进站车辆内无明火和热物后，方可引导车辆到指定位置。

（3）加气车辆定位后，加气员检查发动机是否熄火、车钥匙是否拔下，手刹车是否刹住。

（4）对 LPG 改装车辆，加气前，加气员应要求驾驶员打开车辆后盖，检查容器是否在使用期内以及贴有规定的标签，并检查是否有泄漏及其他异常情况。

（5）加气员经过检查，将加气枪与车辆加气口连接，确认牢靠。严禁加气软管相互交叉和缠绕在其他设备上。

（6）加气员加气时要观察流量及容器的标尺，加气量最大不得超过容器容积的 85%或规定的红线。

（7）加气作业中，严禁将加气枪交给顾客操作，禁止一人同时操作两把加气枪，不得擅自离开正在加气的车辆。

（8）加气过程中，加气员应监督驾驶员不能使用毛刷清洁车辆或打开发动机前盖维修车辆。

（9）加气过程中发生气体严重泄漏时，加气员工应立即关闭车辆瓶阀，同时按下现场紧急关闭按钮，把气体泄漏量控制在最小范围内。

（10）加气结束后，卸下并正确放置好加气枪。让驾驶员确认加气数量和金额，方可结算收款（券）。

（11）加气必须分车进行，各车之间不得连码加气。

（12）加气机计量器发生故障，不能正确计量时应停止加气作业。

4. 特殊情况处理规程

（1）跑、冒油。

1）当向储存罐卸油时发生跑、冒油，应及时关闭油罐车卸油阀，切断总电源，停止营业，并向站（班）长汇报。

2）站（班）长及时组织人员进行现场警戒，疏散站外人员，推出站内车辆，准备消防器材。

3）对现场已跑、冒的油品用棉纱、毛巾、拖把等尽可能的回收，禁止用铁制、塑料等易产生静电火花的器皿回收。回收后用沙土覆盖残留油面，待充分吸收残油后将沙土清除干净。

4）检查所有井口是否有残油，若有残油应及时清理干净，并检查其他可能产生危险的区域是否有隐患存在。

5）计量确定跑、冒油损失，做好记录台账。

6）检查确认无其他危险隐患后继续营业。

7）分析跑、冒油原因，书面报告主管公司。

8）当向车辆加油时，发生跑、冒油应及时关闭油枪，清理现场。

（2）接卸混油。

1）当向储存罐卸油时发生混油，应立即关闭罐车卸油阀，停止卸油；同时关闭相应的加油机，停止加油，并向站（班）长汇报。

2）分析原因和责任，按事故处理规定及时上报主管公司处理。

3）若柴油、汽油相混，则需清罐，并将混合油运出站外处理。

4）清除管线内和加油机内的混合油，确认无误后开启加油机加油。

（3）加错油品。

1）加油员发现加错油品时，立即关闭加油机。向顾客说明原因并赔礼道歉，同时向站（班）长汇报。

2）站（班）长征求顾客同意后抽出混合油，加入合格油品，并根据实际情况协商赔偿顾客经济损失，礼貌送客。

3）确认损失，上报主管公司处理。

（4）加油机乱码。

1）加油过程中，加油机出现乱码时，加油员应立即关闭加油机，向顾客表示歉意并说明原因，同时向站（班）长汇报。

2）与顾客协商确定已加油品数量，并根据协商意见，补足数量。

3）停止使用该加油机，记录同罐其他加油机的字码数，对油罐进行计量，并对当事加油员进行结账，同时通知维修部门修理加油机。

4）当班营业终了，核实损失，报站长处理。

（5）水患。

1）当发生水患时加油站应立即关闭电源开关，停止营业，同时密封油罐量油孔，防止油品外溢，做好安全防范工作。

2）水患过后及时组织排水，测试油罐底水高，检查设备，排除隐患，确认无误后，继续营业。

（6）数、质量纠纷处理。

1）顾客对油品数量提出异议时，加油员应立即查询计算机的记录或用标准计量筒检测，如无误，应向顾客耐心解释，礼貌送客。如有误，应向站（班）长汇报并向顾客赔礼道歉，赔偿顾客损失。停止使用加油机，报请维修和检定。

2）顾客对油品质量提出异议时，加油员应向站（班）长汇报，及时取样，感观检查油品颜色、气味、挥发性等，如无误应向顾客耐心解释，礼貌送客。

3）感观检查认为质量有问题时，应立即停止相应油罐的加油业务，取样化验，同时向主管公司报告。

4）依据取样化验结果，及时答复顾客，并按主管公司规定做出相应处理。

## 第四节　经营许可证管理办法

**要点掌握：**

了解经营许可证管理办法。

2002年10月，国家经济贸易委员会第36号令发布了《危险化学品经营许可证管理办法》（以下简称《许可证管理办法》），自2002年11月15日起实施。

《许可证管理办法》规定：本办法生效之前已取得经营许可证的单位，应当在本办法生效之日起6个月内重新办理经营许可证。逾期不办理的，不得继续经营销售危险化学品。

《许可证管理办法》根据《安全生产法》《条例》的规定，对危险化学品经营许可证的适用范围、发证机构、经营许可证的申请与审批、经营许可证的监督管理、罚则等做了具体规定：

**一、申领范围**

在中华人民共和国境内从事危险化学品经营销售活动，适用本办法。民用爆炸品、放射性物品、核能物质和城镇燃气的经营不适用本办法。

**二、危险化学品经营许可证是危险化学品经营单位的合法经营凭证**

国家对危险化学品经营销售实行许可制度。经营销售危险化学品的单位，应当依照本办法取得危险化学品经营许可证（以下简称经营许可证），并凭经营许可证依法向工商行政管理部门申请办理登记注册手续，未取得经营许可证和未经工商登记注册，任何单位和个人不得经营销售危险化学品。

危险化学品生产单位销售本单位生产的危险化学品，不再办理经营许可证，但销售非本单位生产的危险化学品或在厂外设立销售网点，仍需办理经营许可证。

## 三、危险化学品经营许可证的分类

危险化学品经营许可证分为甲、乙两种。取得甲种经营许可证的单位可经营销售剧毒化学品和其他危险化学品；取得乙种经营许可证的单位只能经营销售除剧毒化学品以外的危险化学品。

## 四、发证机关

甲种经营许可证由省、自治区、直辖市人民政府经济贸易主管部门或其委托的安全生产监督管理部门（以下称省级发证机关）审批、颁发；乙种经营许可证由设区的市级人民政府负责危险化学品安全监督管理综合工作的部门（以下称市级发证机关）审批、颁发。成品油的经营许可纳入甲种经营许可证管理。

## 五、经营许可证的申请与审批

1. 危险化学品经营销售单位应当具备的基本条件：

（1）经营和储存场所、设施、建筑物符合国家标准《建筑设计防火规范》(GB J16)、《爆炸危险场所安全规定》或《仓库防火安全管理规则》等规定，建筑物应当经公安消防机构验收合格；

（2）经营条件、储存条件符合《危险化学品经营企业开业条件和技术要求》（GB 18265—2000)、《常用化学危险品储存通则》(GB 15603—1995)的规定；

（3）单位主要负责人和主管人员，安全生产管理人员和业务人员经过专业培训，并经考核，取得上岗资格；

（4）有健全的安全管理制度和岗位安全操作规程；

（5）有本单位事故应急救援预案。

2. 安全评价

申请经营许可证的单位自主选择具有资质的安全评价机构，对本单位的经营条件进行安全评价。

安全评价机构应当对申请经营许可证的单位是否符合《许可证管理办法》第六条规定的条件逐项进行评价，并出具安全评价报告。

3. 申请

申请甲种和乙种经营许可证的单位，应当分别向省级发证机关和市级发证机关提出申请，并提交下列材料：

（1）《危险化学品经营许可证申请表》；

（2）安全评价报告；

（3）经营和储存场所建筑物消防安全验收文件的复印件；

（4）经营和储存场所、设施产权或租赁证明文件复印件；

（5）单位主要负责人和主管人员，安全生产管理人员和业务人员专业培训合格证书的复印件；

（6）安全管理制度和岗位安全操作规程。

经营单位改建、扩建或者迁移经营、储存场所、扩大许可经营范围，应当事前重新申请办理经营许可证。

经营单位变更单位名称、经济类型或者注册的法定代表人或负责人，应当于变更之日起 20 日内，向原发证机关申办变更手续，换发新的经营许可证。

4. 审批

发证机关应当在接到申请之日起，30 天内对申请人提交的材料进行审查和现场核查，对符合条件的，颁发经营许可证；对不符合条件的，应当书面通知申请人并说明理由。

经营许可证有效期为三年，有效期满后，经营单位继续从事危险化学品经营活动的，应当在经营许可证有效期满前 3 个月内向原发证机关提出换证申请，经审查合格后换领新证。

经营单位不得转让、买卖、出租、出借或者变造经营许可证。

发证机关应将经营许可证的发放情况，及时向同级公安、环保部门通报。

## 六、监督与管理

发证机关应当坚持公开、公平、公正的原则，严格依照法律、法规、规章和标准规定的条件及程序，审批、发放经营许可证。

发证机关应当加强对经营许可证的监督管理，建立、健全经营许可证审批、发放档案管理制度。

市级发证机关应当将本行政区年度经营许可证审批、发放情况报告省级发证机关备案。省级发证机关应当将本行政区内年度审批、发放经营许可证的情况报告国家安全生产监督管理局。

发证机关应当对本行政区内已取得经营许可证的单位进行监督检查。经营单位应当接受发证机关依法实施的监督检查，无正当理由不得拒绝、阻挠。

## 七、罚则

1. 发证机关的工作人员徇私舞弊、滥用职权、弄虚作假、玩忽职守的，依据《危险化学品安全管理条例》第五十五条的规定给予降级或者撤职的行政处分；构成犯罪的，依法追究刑事责任。

2. 未取得经营许可证，擅自从事危险化学品经营的，由省级发证机关或市级发证机关依照《危险化学品安全条例》第五十七条的规定予以处罚。

3. 经营单位违反本办法规定，有以下行为之一的，由发证机关吊销其经营许可证：

（1）提供虚假证明文件或采取其他欺骗手段，取得经营许可证的；

（2）不再具备经营销售危险化学品基本条件的；

（3）转让、买卖、出借、伪造或者变造经营许可证的。

4. 承担安全评价的单位出具虚假评价报告的，由省级以上安全生产监督管理部门没收非法所得并处以 3 万元以下的罚款；没有非法所得的，处以 2 万元以下的罚款；并建议授予其资质的部门吊销其资质证书；构成犯罪的，依法追究刑事责任。

# 第七章 重大危险源与化学事故应急救援

**学习目标：**

1. 了解重大危险源知识。
2. 了解事故调查与处理常识。
3. 熟悉危险化学品事故应急救援知识。

## 第一节 重大危险源辨识与安全管理

**要点掌握：**

什么叫重大危险源？

### 一、重大危险源及分类

我国国家标准《重大危险源辨识》（GB 18218—2000）中给出了重大危险源的定义及其分类。重大危险源定义为长期地或临时地生产、加工、搬运、使用或储存危险物质且危险物质的数量等于或超过临界量的单元。单元指一个（套）生产装置、设施或场所，或同属一个工厂的且边缘距离小于 500 m 的几个（套）生产装置、设施或场所。

临界量是指对于某种或某类危险物质规定的数量，若单元中的物质数量等于或超过该数量，则该单元定为重大危险源。生产场所是指危险物质的生产、加工及使用等的场所，包括生产、加工及使用等过程中的中间储罐存放区及半成品、成品的周转库房。

## 二、重大危险源的辨识标准及方法

1. 辨识依据

重大危险源的辨识的依据是物质的危险特性及其数量，即2001年4月1日实施的《重大危险源辨识》（GB 18218—2000）中按四类物质的品名及其临界量加以确定。

2. 辨识指标

（1）单元中的一种危险物质数量达到或超过临界量。

（2）单元中的几种危险物质数量与其临界量之比的和大于等于1，即

$$\frac{q_1}{Q_1}+\frac{q_2}{Q_2}+\frac{q_3}{Q_3}+\cdots\cdots\frac{q_n}{Q_n}\geqslant 1$$

$q$——单元中的每种危险品物质的实际存在量；

$Q$——与各种危险品相对应的生产场所或储存区的临界量。

## 三、重大危险源管理

加强重大危险源管理的目的，不仅是预防重大事故发生，而且要做到一旦发生事故，能将事故危害限制到最低程度。通过一系列有计划、有组织的系统安全活动，保证重大危险源的安全运行。

（1）进行重大危险源辨识，使得管理对象更加明确。

（2）对重大危险源进行安全评价，通过安全评价发现隐患，以便进行整改。

（3）实行危险源登记制度。通过登记使政府部门能够清楚了解重大危险源分布情况及安全水平，便于从宏观上进行管理与控制。

## 第二节　事故调查与处理

**要点掌握：**

报告安全事故应当包括哪些内容？

事故调查处理是安全管理的重要内容，主要是指对已发生事故的分析、处理等一系列管理活动。工作内容主要有事故报告、事故应急救援、事故调查、事故分析、事故责任人的处理和事故赔偿等。

### 一、安全生产事故的分级

依据2007年6月1日实施的《生产安全事故报告和调查处理条例》第三条规定，生产安全事故造成的人员伤亡或者直接经济损失，事故一般分为以下等级：

1. 特别重大事故

是指造成30人以上死亡，或者100人以上重伤（包括急性工业中毒），或者1亿元以上直接经济损失的事故。

2. 重大事故

是指造成10人以上30人以下死亡，或者50人以上100人以下重伤，或者5 000万元以上1亿元以下直接经济损失的事故。

3. 较大事故

是指造成3人以上10人以下死亡，或者10人以上50人以下重伤，或者1 000万元以上5 000万元以下直接经济损失的事故。

4. 一般事故

是指造成3人以下死亡，或者10人以下重伤，或者1 000万元以下直接经济损失的事故。

## 二、事故报告制度

企业发生伤亡事故和职业病事故后，必须及时向相关部门如实报告。发生事故不报告，甚至故意隐瞒事故真相，有关责任人将受到法律制裁。

事故发生后，事故现场有关人员应当立即向本单位负责人报告；单位负责人接到报告后，应当于1小时内向事故发生地县级以上人民政府安全生产监督管理部门和负有安全生产监督管理职责的有关部门报告。情况紧急时，事故现场有关人员可以直接向事故发生地县级以上人民政府安全生产监督管理部门和负有安全生产监督管理职责的有关部门报告。

报告事故应当包括下列内容：

1. 事故发生单位概况；

2. 事故发生的时间、地点以及事故现场情况；

3. 事故的简要经过；

4. 事故已经造成或者可能造成的伤亡人数（包括下落不明的人数）和初步估计的直接经济损失；

5. 已经采取的措施；

6. 其他应当报告的情况。

## 三、事故调查

1. 事故调查的原则

（1）事故调查必须以事实为依据，以科学为手段，在充分调查研究的基础上，科学、公正、实事求是地给出事故调查结论。

（2）事故调查必须遵循“四不放过”的原则，即事故原因不查清不放过、事故责任者和群众没有受到教育不放过、事故责任者没有受到追究不放过、没有采取相应的预防改进措施不放过。

（3）依靠专家与科学技术手段。

（4）第三方的原则。

（5）不干涉、不阻碍的原则。

2. 事故调查的内容

主要了解发生事故的具体时间和具体地点；检查现场，做好详细记录；受害人数、伤害程度；事故的起因物；向事故当事人及现场人员了解事故发生前的生产情况（包括作业人员的任务、分工及工艺条件、设备完好情况等）；受害者情况、经济损失情况等。

3. 事故调查程序

（1）成立事故调查小组；

（2）事故调查物质准备；

（3）事故现场处理；

（4）事故现场勘察与物证获取；

（5）其他有关事故资料的收集；

（6）事故分析；

（7）编写事故调查报告。

**四、事故处理**

有关机关应当按照人民政府的批复，依照法律、行政法规规定的权限和程序，对事故发生单位和有关人员进行行政处罚，对负有事故责任的国家工作人员进行处分。事故发生单位应当按照负责事故调查的人民政府的批复，对本单位负有事故责任的人员进行处理。负有事故责任的人员涉嫌犯罪的，依法追究刑事责任。

**五、事故赔偿**

企业发生伤亡事故后，职工的伤亡赔偿、医疗费用、工伤待遇等按照国家《工伤保险条例》执行。如果企业参加了社会工伤保险，按照要求缴纳了工伤保险金，上述费用将由保险公司支付；如果没有参加工伤保险，则由企业按照工伤保险标准支付各种费用。因此，无论企业是否参加了工伤保险，事故后的赔偿及职工待遇以《工伤保险条例》为依据。

## 第三节　危险化学品事故应急救援

**要点掌握：**

为什么要进行应急救援预案的演练？

《安全生产法》和《条例》以及《危险化学品事故应急救援预案编制导则》（单位版）等，都对危险化学品事故应急救援和应急措施做出了明确的规定。事故应急救援是指通过事前计划和应急措施，在事故发生后，充分利用一切可用的力量和资源，迅速控制事故发展，保护工作人员，将事故损失降低到最低程度。

### 一、事故应急救援的任务

事故应急救援的任务是：

1. 立即组织营救受害人员、组织撤离或通过其他措施保护事故危害区域内的其他人员。

2. 迅速控制危险源，并对事故危害的性质、区域范围、危害程度进行检验。

3. 做好现场清洁，消除危害后果。

4. 查清事故原因，评估危害程度。

**真实案例：**

2003 年 12 月 23 日，重庆市开县高桥镇的川东北气矿 16H 井发生特大井喷事故，造成 243 人死亡，其中周围群众疏散不及时，是导致大量人员中毒伤亡的因素之一。

### 二、事故应急救援预案的基本内容

应急救援预案应覆盖事故发生后应急救援各阶段的计划，即预案的启动、应急、救援、事后监测与处置等各阶段。其基本内容包括：

1. 基本情况。

2. 危险目标及其危险特性、对周围的影响。

3. 危险目标周围可利用的安全、消防、个体防护的设备、器材及其分布。

4. 应急救援组织机构、组成人员和职责划分。

5. 报警、通信联络方式。

6. 事故发生后应采取的处理措施。

7. 人员紧急疏散、撤离。

8. 危险区的隔离。

9. 检测、抢险、救援及控制措施。

10. 受伤人员现场救护、救治与医院救治。

11. 现场保护与现场洗消。

12. 应急救援保障。

13. 预案分级响应条件。

14. 事故应急救援终止程序。

15. 应急培训计划。

16. 演练计划。

17. 附件。

## 三、制定应急救援预案的基本步骤

1. 调查研究，收集资料。

2. 危险源评估。

3. 分析总结。

4. 编制预案。

5. 科学评估。

6. 审核实施。

## 四、应急救援预案的演练

有了应急救援预案，如果响应人员不能充分理解自己的职责和预案的实施步骤，如果应急人员没有足够的应急经验与实战能力，那么，预案的实施效果将会大打折扣，达不到预案的制定目的。为了提高应急救援人员的技术水平与整体能力，使救援达到快速、有序、有效的目的，经常开展应急救援培训、演练是非常必要的。

# 第八章　职业卫生与个体防护

**学习目标：**

1. 了解职业卫生基础知识。
2. 熟悉职业危害及预防常识。
3. 掌握个体防护知识及现场急救及逃生技能。

当今世界的职业卫生问题十分突出，国际劳工组织新近的一份报告指出，全世界每年约有 1.25 亿起工伤事故，因工死亡人数 22 万；每年约有 1.6 亿人由于工作中的有害因素而患病，其中 30%～40%的人将会引起慢性疾病，约有 10%的患者将成为终身残废。由此造成的经济损失约占全世界 GNP（国民生产总值）的 4%，对职业人群生命质量的影响则更难以估计。新中国成立以来，我国政府对职工的健康非常重视，先后在职业卫生和职业病防治方面颁布了一系列的法律法规文件。因此，了解和掌握危险化学品的各种危害及预防知识，对危险化学品从业人员来说，具有十分重要的意义。

## 第一节　职业卫生基础知识

**要点掌握：**

1. 什么叫职业卫生？
2. 职业病有哪些特点？

## 一、职业卫生

1. 职业卫生

职业卫生又称劳动卫生，是劳动保护的重要组成部分，也是预防医学中的一个专门学科。它主要是研究劳动条件对劳动者（及环境居民）健康的影响以及对职业危害因素进行识别、评价、控制和消除，以保护劳动者的健康为目的的一门学科。

2. 职业卫生的研究对象

（1）研究和识别劳动生产过程中对劳动者及环境居民的健康产生不良影响的各种因素（职业危害因素），为改善劳动条件提出措施及卫生要求。

（2）研究和确定职业病及与职业有关疾病的病因，提出诊断标准和防治对策。

（3）研究和制定职业卫生法律、法规及标准，并付诸实施。

3. 职业卫生的基本任务

改善生产职业活动中的劳动环境，控制和消除有害因素对人体的危害，防止职业病的发生，以达到保护劳动者身体健康，提高劳动生产效率，促进生产发展的目的。

## 二、职业病范围

1. 概念

《中华人民共和国职业病防治法》（以下简称《职业防治法》）中规定，职业病是指企业、事业单位和个体经济组织（统称用人单位）的劳动者在职业活动中，因接触粉尘、放射性物质和其他有毒、有害物质等因素而引起的疾病。

2. 职业病的分类

目前，我国法定的职业病是由国务院卫生行政部门会同国务院劳动保障行政部门规定、调整公布的，共十大类，115 种。

尘肺 13 种：如矽肺、煤工尘肺、石棉肺、水泥工尘肺、电焊工尘肺等；

职业性放射性疾病 11 种：如外照射急性、亚急性、慢性放射病，放射性皮肤病等；

职业中毒 56 种：如铅、苯、汞、锰、有机磷农药中毒等；

物理因素所致职业病 5 种：如中暑、高原病等；

生物因素所致职业病 3 种：如布氏杆菌病、森林脑炎等；

职业性皮肤病 8 种：如接触性皮炎、光敏性皮炎、电光性皮炎等；

职业性眼病 3 种：如职业性白内障、电光性眼炎等；

职业性耳鼻喉口腔疾病 3 种：如噪声聋、铬鼻病等；

职业性肿瘤 8 种：如苯所致的白血病，石棉所致的肺癌、间皮瘤等；

其他职业病 5 种：如职业性哮喘、棉尘病、煤矿井下工人滑囊炎等。

3. 职业病的特点

职业病是由于职业有害因素作用于人体的强度和时间超过一定限度，人体不能代偿而造成的功能性或器质性病理改变，从而出现相应的临床征象，影响劳动力。职业病具有以下五个特点：

（1）病因明确。职业病都有明确的致病因素，即职业有害因素，消除该有害因素后，可以完全控制职业病的发生。

（2）发病具有接触反应关系，大多数病因是可以通过监测手段衡量的，接触和效应指标之间有明确的剂量反应关系。

（3）发病具有聚集性。在不同的接触人群中，常有不同的发病群体。

（4）可以预防。如能早诊断，合理处理，效果较好。

（5）大多数职业病目前尚缺乏特效治疗手段，因此，保护职业人群的预防措施显得格外重要。

## 三、职业病的预防

在新建、扩建、改建厂房，或采用新工艺、使用新原料前，应认真考虑预防职业病的问题，认真做好卫生设计工作，对已投产的厂房应从以下措施着手。

1. 生产技术

大搞技术革新、工艺改造，这是预防职业病的重要途径。从根本上改善劳动条件，控制和消除某些职业性毒害；开展废气、废水和废渣的综合利用，变“三废”为“三宝”，不仅可回收化工原料，而且还可以大大减少毒物的危害。

2. 技术措施

增加通风排气设备，对少数高毒物质，必须采取严格密闭，隔离式操作，以避免或减少直接接触。

3. 预防措施

建立劳动卫生职业病防治网。由各级领导负责，有关方面大力协作，建立一个专业防治机构以及劳动保护专职人员组成的防护网，开展职业病的防治工作。建立空气中毒物浓度测定制度。定期测定，以提供改进预防措施的依据。建立工作前体检、定期体检制度。定期体检目的在于早期发现毒物对人体的影响，早期诊断，早期治疗。

4. 合理使用个人防护用品

使用个人防护用品是预防职业中毒的一种辅助措施，个人防护用品包括：防护服、口罩、面具、袖套、眼镜等。

**四、职业卫生的三级预防原则**

职业卫生属于预防医学的范畴，其工作应遵循预防医学的三级预防原则。

1. 一级预防

不接触职业危害因素的损害，采取措施改进生产工艺、生产过程及治理作业环境的职业危害因素，使劳动条件达到国家标准，创造对劳动者的健康没有危害的生产劳动环境。

2. 二级预防

在一级预防达不到要求，职业危害因素已经开始损及劳动者的健康的情况下，应尽早地发现职业危害作业点及职业病病症。对接触职业危害因素的职工进行定期身体检查，以便及早发现问题和病情，迅速采取补救措施。

3. 三级预防

对已患职业病者，应正确诊断，及时处理，及时调离有害作业岗位，积极给予综合治疗和康复治疗，防止恶化和并发症，以恢复健康。

**五、职业病患者的确认和待遇**

**真实案例：**

某鞋厂于1989年投产，共有职工132人，创办时未经建设项目职业病危害项目审查。该厂利用一间45 $m^2$ 库房作为绷楦工段场地，房间无通风设备，工人无任何防护措施。30名工人在此场地每天工作12小时左右，使用纯苯溶剂的氯丁胶为黏合剂，工龄最长为14个月，至1991年3月，鞋厂工人发生再生障碍性贫血12例，其中死亡1例。

事故原因系使用纯苯氯丁胶，无任何防毒设施和个人防护措施，造成苯中毒从而引起再生障碍性贫血。

职业病的诊断与职业病病人保障应按国家颁发的《职业病防治法》（2002年5月1日起施行）及其有关规定执行。凡被确诊患有职业病的职工，职业病诊断机构应发给《职业病诊断证明书》，享受国家规定的工伤保险待遇或职业病待遇。

职工被确诊患有职业病后，其所在单位应根据职业病诊断机构的意见，安排其医治或疗养。在医治或疗养后被确认不宜继续从事原有害作业或工作的，应在确认之日起两个月内将其调离原工作岗位，另行安排工作。

从事有害作业的职工，其所在单位必须为其建立健康档案。变动工作单位时，事先须经当地职业病防治机构进行健康检查，其检查材料装入健康档案。

各级工会组织有权监督检查患职业病的职工有关待遇的处理

情况，对于不按国家规定处理，损害职工合法权益的单位，应出面交涉，直至代表职工本人向法院起诉。

## 第二节　职业危害及预防

**要点掌握：**

1. 毒物进入人体有哪些途经径？
2. 噪声危害主要表现有哪些？

### 一、中毒与防毒

危险化学品中含有有毒及有害成分，对从事危险化学品的作业人员的健康造成极大的威胁。

1. 化学品的毒性危害

**真实案例：**

某化工厂氟利昂工段，在检查气柜进气管泄漏时，当班班长中毒窒息，倒在柜内。由于缺乏救护知识，进柜救护的10人相继中毒窒息，结果2人死亡，9人中毒。

有毒化学品对人体的危害最主要是引起中毒。中毒是指人体在有毒化学品的作用下发生功能性和器质性改变后而出现疾病状态，是各种毒性作用后果的综合表现。有毒品对人体危害主要有以下几方面：

（1）引起刺激。一般受刺激的部位为皮肤、眼睛和呼吸系统，如引起皮炎，咳嗽，流泪等。

（2）过敏。刚开始接触时可能不会出现过敏症状，然而长时间的暴露会引起身体的反应。即便是接触低浓度化学物质也会产生过敏反应，皮肤和呼吸系统可能会受到过敏反应的影响。如引起皮疹或水疱或引起职业性哮喘。

(3) 缺氧（窒息）。当空气中一氧化碳含量达到0.05%时就会导致血液携氧能力严重下降，称为血液内窒息。另外，如氰化氢、硫化氢这些物质影响细胞和氧的结合能力（尽管血液中含氧充足)，这种症状称为细胞内窒息。

(4) 昏迷和麻醉。高浓度的某些化学品，如丙醇、丙酮、丁酮、乙炔、乙醚、异丙醚会导致中枢神经抑制，这些化学品有类似醉酒的作用，一次大量接触可导致昏迷，甚至死亡。

(5) 全身中毒。全身中毒是指化学物质引起的对一个或多个系统产生有害影响并扩展到全身的现象，这种作用不局限于身体的某一点或某一区域。如苯酚，长期接触可引起全身中毒。

(6) 尘肺。尘肺是由于在肺的换气区域发生了小尘粒的沉积以及肺组织对这些沉积物的反应。一般很难在早期发现肺的变化，当X射线检查发现这些变化的时候病情已经较重了。尘肺病患者肺的换气功能下降，在紧张活动时会发生呼吸短促症状。这种作用是不可逆的。能引起尘肺病的物质有石英晶体、石棉、滑石粉、煤粉和铍。

(7) 致畸、致癌、致突变。接触危险化学品可能对未曾出生的胎儿造成危害，干扰胎儿的正常发育。一些实验结果表明，80%～85%的致癌化学物质对后代有影响，而85%的癌症与化学物质接触有关，有些癌症要在接触化学物质多年以后才表现出来，潜伏期一般为4～40年。

2. 毒物进入人体的途径

毒物进入人体的途径通常有以下三种：

(1) 呼吸道吸收。在生产条件下，毒物多数是经呼吸道进入人体的。这是最主要、最常见、最危险的途径。在生产过程中，以气体蒸汽雾、烟、粉尘等不同形态存在于生产环境中的毒物随时可被吸入呼吸道。

(2) 皮肤吸收。有些毒物可以通过皮肤和毛囊与皮脂腺、汗腺吸收。由于表皮的屏障作用，相对分子质量大于300的物质不易被吸收。只有高度脂溶性和水溶性的物质，如苯胺才易经皮肤吸收。毒物经毛囊、皮脂腺和汗腺吸收时绕过表皮。故电解质和某些金属，特别是金属汞可经此途径被吸收。

（3）胃肠道吸收。在生产环境中，毒物单纯经胃肠道吸收的情况比较少见。多是不良卫生习惯造成的，如被毒物污染的手直接拿食物吃或饮水而导致中毒。毒物进入胃肠道后，大多随粪便排出，只有一小部分进入血液循环系统。

3. 常见的职业中毒

（1）刺激性气体中毒。刺激性气体是指对人的眼睛、皮肤，特别是对呼吸道具有刺激作用的一类气体的总称。常见的刺激性气体主要有氯气、氨气、氮氧化物、光气、二氧化硫等。刺激性气体对人体健康的危害与接触浓度的大小和接触时间的长短有关。轻度刺激作用，可以是短暂的，也可以是一过性的，若不再接触或吸入，不适反应很快就会消失，不治也可能会好；明显或严重的刺激作用，不仅出现刺激反应，而且会造成人体器官、系统组织的破坏，出现一系列症状体征，甚至危及人的生命。

（2）窒息性气体中毒。窒息性气体是指吸入该气体后，造成人体组织处于缺氧状态的一类气体。窒息性气体一般分为以下三类：

**真实案例：**

某化肥厂2名检修工在中温变换炉内焊接管子，空分车间开机送氮，由于进入变换炉的氮气总阀未关严，氮气漏入炉内，2名检修工窒息死亡。

1）单纯窒息性气体。如氮气、甲烷、二氧化碳等，这类气体本身毒性很小或无毒，但当它们在空气中的含量增加时，就会相应降低空气中氧的含量，造成人体吸入氧不足而发生窒息。

2）血液窒息性气体。如一氧化碳吸入后，造成红细胞输送氧的能力降低而发生窒息。

3）细胞窒息性气体。如硫化氢、氰化氢等，吸入后造成人体组织细胞不能利用氧而发生窒息。

（3）铅中毒。在开采铅矿、铅冶炼、铅排印等操作中，经常可接触到铅，因接触的剂量不同可导致急性铅中毒或慢性铅中毒，从而引起肝、脑、肾等器官的改变。

（4）汞中毒。接触汞可引起急性中毒或慢性中毒症状，其中慢性汞中毒是职业性汞中毒中最常见的类型。主要表现有口腔炎，部分患者出现全身皮疹，神经衰弱综合征等，有时肾脏也受损害。

（5）苯中毒。苯应用非常广泛，工业上接触苯的机会也比较多。急性苯中毒主要表现为中枢神经系统症状，部分患者可有化学性肺炎、肺水肿及肝肾损害。慢性中毒主要影响造血功能系统及中枢神经系统。

4. 防毒措施

预防有毒化学品对人体的危害，必须坚持“预防为主，防治结合”的方针，必须坚持“分类管理，综合治理”的原则，必须实施“法制管理，技术控制和全民教育”的策略。防毒的具体措施主要包括防毒技术、防毒教育和管理。防毒技术措施主要是指对工艺、设备、操作方面，从安全防毒角度考虑设计、计划、检查、保养等措施，如进行工艺改革，以无毒低毒的物料代替有毒高毒的物料，生产设备管道化，密闭化，机械操作自动化等。防毒的管理教育措施主要是加强防毒的宣传教育，健全有关防毒的管理制度，严格执行“三同时”方针。对从事有毒有害作业工种的工人，实行保健措施，重视个人卫生，同时，各单位的卫生保健部门应培训医务人员进行有关中毒的急救处理，积极开展预防职业中毒的各项工作。

## 二、粉尘危害及预防

粉尘是指能够长时间浮游于空气中的固体微粒。在生产过程中形成的粉尘叫做生产性粉尘。生产性粉尘根据其性质可分为无机粉尘（如石棉、煤粉、滑石等）、有机粉尘（如面粉、炸药、树脂等）和混合性粉尘，生产中最常见的是混合性粉尘。

1. 粉尘对健康的危害

（1）尘肺。长期吸入粉尘达到一定量后，引起以肺组织为主的全身性疾病叫做尘肺。尘肺是目前我国最严重的职业危害病，我国卫生部公布的职业病名单中，列有 13 种尘肺病，如石棉肺、煤尘肺和矽肺等。

（2）中毒。吸入含铅、砷、锰、铍的粉尘可引起职业性中毒。

（3）粉尘沉着症。吸入一定量的铁、锡、钡等粉尘（如容器除锈、不注意防护，可吸入铁末尘），尘末在肺部沉着，构成一种病情轻、进展慢的肺部疾病，叫做粉尘沉着症。

（4）过敏性疾病。吸入含苯酐粉尘、甲苯二异氰酸酯可引起哮喘。

（5）局部作用。粉尘可造成皮脂腺孔堵塞，使皮肤干燥、皲裂，引起粉刺、毛囊炎，严重时可引起脓皮病。

2. 粉尘的预防措施

我国在防尘工作中总结出来的行之有效的经验是“革、水、密、风、护、管、教、查”的八字方针。“革”是指技术革新和技术改造；“水”是指湿式作业；“密”是指密闭尘源；“风”是指抽风除尘；“护”即个人防护；“管”是指维护管理，建立各种制度；“教”是指宣传教育；“查”是指及时检查，定期测尘和健康检查。只要能因地、因时制宜地执行八字方针，粉尘的危害是完全可以减少或消除的。

## 三、物理性危害因素及预防

1. 噪声危害与预防

（1）噪声的危害。噪声是指不同频率和不同强度的声音无规律地组合在一起所形成的声音，是人们不希望有的声音，是一种公害。它不仅能使一些物理装置和设备产生疲劳和失效，以及干扰人们对其他声源信号的感觉和鉴别，更重要的是会影响人们的生活和工作。通过对生产现场调查和临床观察证明，无防护措施的生产性强噪声，对人体能产生多种不良影响，甚至形成噪声性疾病。主要表现在以下两方面：

1）对听觉系统的影响。每个人对噪声的感觉各不相同，但任何人的听觉都会受到噪声的损害。当脱离噪声影响一段时间后，听力仍能恢复。但是一旦发生暂时性听觉位移，如不及时采取预防措施，就很容易发生永久性听觉位移，既而发展成为噪声聋。

2）对神经、消化、心血管等系统的影响。噪声可引起头痛、头晕、记忆力减退、睡眠障碍等神经衰弱综合；可引起心率加快或减慢、血压升高或降低等改变；也可引起食欲减退、腹胀等胃肠功能紊乱；还可对视力、血糖等产生影响。

（2）噪声的预防措施

1）严格执行噪声卫生标准。为了保护劳动者听力不受损伤，国家制订了《工业企业卫生标准》。标准中规定：操作人员每天连续接触噪声 8 h，噪声声级卫生限制为 85 dB；若每天接触噪声时间达不到 8 h 者，可根据实际接触时间，按照接触时间减半，允许增加 3 dB，但是，噪声接触强度最大不得超过 115 dB。

2）噪声控制。噪声控制主要应在设计、制造生产工具或机械过程中，通过工艺改革，机械结构改造，隔声、控制设备振动等措施来尽力实现。另外，还应控制噪声的传播。如可利用多孔吸声材料吸收室内噪声，在操作室与存在噪声源场所之间安装双层玻璃窗隔声，对机泵、电动机、空气压缩机之类的设备可根据吸声反射、干涉等原理设计消声部件进行消声。

3）正确使用和选择个人防护用品。在强噪声环境中工作的人员，要合理选择和利用个人防护器材，如耳罩、耳塞、防噪声头盔等。

4）医学监护。就业前认真做好健康体检，严格控制职业禁忌。对从业人员要定期进行健康体检，发现有明显听力障碍者，要及时调离噪声作业环境。

2. 振动危害与预防

（1）振动的危害。物体在外力作用下以中心位置为基准，做直线或弧线的往复运动，称为振动。人体器官在经受振动中有各种感觉方式，从愉快的到不愉快的、不安的甚至是危害性的。振动分为局部振动和全身振动。长期接触局部振动的人，会有头昏、失眠、心悸、乏力等不适，还有手麻、手痛、手凉、手掌多汗、遇冷后手指发白等症状，甚至工具拿不稳、吃饭掉筷子。而长期全身受到振动，可出现脸色苍白、出汗、唾液多、恶心、呕吐、头痛、头晕、食欲不振等现象，还可有体温、血压降低，全身衰竭等。

（2）预防措施

1）改革工艺。如用化学除锈剂代替强烈振动的机械除锈工艺，用水瀑清砂代替风铲清砂，用液压焊接、粘接代替铆接等，都可明显减少振动。

2）采取隔振措施。压缩机与楼板接触处，用橡胶垫等隔振材料，减少振动。

3）改进风动工具。采取减振措施，设计自动、半自动式操纵装置，减少手及肢体直接接触振动体，或提高工具把手温度，改进压缩空气进出口的方位，防止手部受冷风吹袭。

4）合理安排接振时间。可以采取轮流作业或增加工间休息时间来达到。

5）加强个人防护。个人防护也是预防振动的一个重要方面，可配备减振手套，休息时用 40～60℃的热水浸泡手，每次 10 min分钟左右，就业前和就业后定期体格检查，凡是不适合从事振动作业的人，要妥善安排其他工作。

3. 辐射危害与预防

（1）辐射的危害。辐射是能量的一种形式，一般无法通过视觉、嗅觉、感觉、听觉和味觉来发现它的存在。辐射一般分为两类：即电离辐射和非电离辐射。这两类辐射都会造成危害。凡是能引起物质电离的各种辐射都称为电离辐射，电离辐射的辐射源包括X射线、γ射线、α粒子、β粒子、中子和其他核粒子。电离辐射对人体引起的职业病主要是放射病。放射性疾病是人体受各种电离辐射照射而发生的各种类型的不同程度损伤（或疾病）的总称，它包括全身性放射性疾病，如急慢性放射病；局部放射性疾病，如急慢性放射性皮炎，放射性白内障；放射所致远期损伤，如白血病。非电离辐射包括紫外辐射、红外辐射、可见光辐射、射频辐射和微波、激光辐射。强烈的紫外辐射可引起电光性眼炎、皮炎等；红外线最容易引起的职业病是白内障；射频辐射可出现中枢神经系统和植物神经系统功能紊乱，心血管系统方面的疾病；而激光主要是引起人的眼部和皮肤造成损伤。

（2）预防措施。对操作人员来说，最基本的防护措施是减少外照射和防止内照射，即在进行放射性物质操作时要尽可能缩短被照射的时间，尽量加大操作人员与放射源的距离，正确使用个人防护用品，设置防护屏障，同时还要做好健康监护，定期对危险范围内的人员进行体格检查，如有不适应者，不得参加此项工作。

## 第三节　个体防护

**要点掌握：**

使用安全帽要注意哪些事项？

个体防护器具的应用是防止职业危害因素直接侵入人体的最

后一道防线。有些较差的劳动环境难以一时治理好，而劳动者的工作时间又较短时，就应该做好个体防护，防止其危害。

## 一、呼吸系统防护

呼吸系统防护主要是防止有毒气体、蒸汽、尘、烟、雾等有害物质经呼吸器官进入人体内，从而对人体造成损害。在尘毒污染、事故处理、抢救、检修、剧毒操作以及在狭小仓库内作业时，必须选用可靠的呼吸器官保护用具。

1. 呼吸防护设备的种类

按用途分，呼吸器可分为防尘、防毒、供氧三类。

按作用原理分，呼吸器可分为过滤式（净化式）和隔绝式（供气式）两类。过滤式呼吸器的功能是滤除人体吸入空气中的有害气体、工业粉尘等，使之符合《工业企业卫生标准》。隔绝式呼吸器的功能是使戴用者的呼吸系统与劳动环境隔离，由呼吸器自身供气（氧气或空气）或从清洁环境中引入纯净空气维持人体正常呼吸。适用于缺氧、严重污染等有生命危害的工作场所戴用。

2. 呼吸器官的防护

选用原则：一是防护有效；二是戴用舒适；三是要经济。工作现场既要考虑可能发生的染毒危害配备特殊的呼吸器，又要根据实际的污染程度选用呼吸器的品种。一般情况下，过滤式面具适合毒物浓度不高的场合，在毒物浓度高的情况下，应用氧气呼吸器或空气呼吸器。使用呼吸器前一定要检查完好，并学会正确的使用方法。

## 二、头部防护

1. 头部的伤害因素

（1）物体打击伤害。在生产过程中，如开采矿山、建筑施工、爆破等，可能发生物件、岩石、土块、工具和零部件从高处坠落或抛出，击中在场人员的头部而造成头部伤害。

（2）机械性损伤。生产过程中旋转的机床、叶轮、传动带等，可造成作业人员的毛发和头皮受损，严重时还会危及生命。

（3）高处坠落伤害。在生产中，如安装、维修、攀高等高处作业时有可能发生人体坠落事故。

（4）毛发（头皮）的污染伤害。粉尘作业、农药喷射时容易污染毛发。

2. 头部防护用品的种类

头部防护用品是为防御头部不受外来物体打击和其他因素危害而配备的个体防护装备。根据防护功能分为安全帽、防护头罩和工作帽三类。

**真实案例：**

某厂检修时，一名工人没戴安全帽进入检修现场，当路过合成塔时，一颗大螺帽从 35 m 高处落下，刚好击中他的头部，该工人当场死亡。另一个厂的一名检修班长，因戴了安全帽，当一根小铁轨从检修的焦炉上砸到头上时，安全帽救了他的命。

（1）安全帽。安全帽是生产中广泛使用的头部防护用品，它的作用在于：当作业人员受到坠落物、硬质物体的冲击或挤压时，减少冲击力，消除或减轻其对人体头部的伤害。安全帽属于国家特种防护用品工业生产许可证管理的产品。国家标准《安全帽》（GB 2811—1989）是强制执行的标准。选择安全帽时，一定要选符合国家标准规定、标志齐全，经检验合格的安全帽。使用安全帽时，要掌握正确的使用和保养方法。据有关部门统计，坠落物体伤人事故中 15%是因为安全帽使用不当造成的。因此，在使用过程中一定要注意以下问题：

1）使用之前一定要检查安全帽上是否有裂纹、碰伤痕迹、磨损，安全帽上如存在影响其性能的明显缺陷时应该及时报废，以免影响防护作用。

2）不能随意在安全帽上拆卸或添加附件，以免影响其原有的防护性能。

3）不能随意调节帽的尺寸，因为安全帽的尺寸直接影响其防护性能。

4）使用时要将安全帽戴牢戴正，防止安全帽脱落。

5）受过冲击或做过试验的安全帽要报废。

6）不能私自在安全帽上打孔，以免影响其强度。

7）要注意安全帽的有效期，超过有效期的安全帽应该报废。

（2）工作帽。又叫护发帽，主要是对头部，特别是对头发起到保护作用，它可以保护头发不受灰尘、油烟和其他环境因素的污染，也可以避免头发被卷入转动的传动带或转轴里，还可以起到防止异物进入颈部的作用。

（3）防护头罩。防护头罩是使头部免受火焰、腐蚀性烟雾、粉尘以及恶劣气候伤害头部的个人防护装备。

## 三、眼、面部防护

伤害眼、面部的因素较多，如各种高温热源、射线、光辐射、电磁辐射、气体、熔融金属等异物飞溅、爆炸等都是造成眼、面部的伤害因素。眼面部防护用品包括眼镜、眼罩和面罩三类。眼面部防护用品主要用以保护作业人员的眼面部，防止各种伤害。目前，我国眼、面防护用品主要有：焊接用眼防护具，炉窖用眼防护具，防冲击眼防护具，微波防护镜，激光防护镜，X射线防护镜，尘毒防护镜等。

## 四、皮肤的防护

### 1. 护肤用品的种类

护肤剂分为水溶性和脂溶性两类，前者防油溶性毒物，后者防水溶性毒物。护肤剂一般在整个劳动过程中使用，涂用时间长，上班时涂抹，下班后清洗，可起一定隔离作用，使皮肤得到保护。

2. 常用护肤用品

（1）防护膏。防护膏的作用是增加涂展性，即对皮肤有附着性，从而能隔绝有害物质的侵入。防护膏有亲水性防护膏、疏水性防护膏、遮光护肤膏和滋润性防护膏。

（2）护肤霜。护肤霜主要用于预防和治疗皮肤干燥、粗糙、皲裂及职业性皮肤干燥。特别适宜于接触吸水性或碱性粉尘、能溶解皮脂的有机溶剂和肥皂等碱性溶液，也特别适用于露天、水上作业等工种。

（3）皮肤清洗剂。包括皮肤清洗液和皮肤干洗膏。皮肤清洗液适用于汽车修理、机械维修、机床加工、钳工装配、煤矿采挖、石油开采、原油提炼、印刷油印、设备清洗等行业。皮肤干洗膏主要用于在无水情况下，去除手上的油污，如汽车司机在途中检修排除故障、在野外勘探等环境。

（4）皮肤防护膜。皮肤防护膜又叫隐形手套，其作用是附着于皮肤表面，阻止有害物质对皮肤的刺激和吸收作用。

**五、手、足部的防护**

**真实案例：**

某厂苯二甲酸酐车间一工人赤膊上班操作，在向地下罐放料时，罐内的残余可燃性物未排净，遇 400℃高温物料着火爆炸，该工人上身和脸部被烧伤，而戴了手套的双手和穿工作裤的下身均没有烧伤。

1. 手的防护用品

手的防护是指劳动者根据作业环境中的有害因素戴用特别手套，以防止各种手伤事故。

防护手套主要品种有：耐酸碱手套、电工绝缘手套、电焊工手套、防寒手套、耐油手套、防 X 射线手套、石棉手套等 10 余种。

**真实案例：**

某工厂工人上班后未换工作服和工作鞋，就去处理烧碱池中被管子卡住的麻袋，由于怕弄脏自己的衣服、鞋子，便选择了一个位置不理想但较干净的立足点，使劲拽麻袋时身体失去平衡，跌入碱池，严重灼烫而亡。

2. 足部防护用品

足部防护用品是指劳动者根据作业环境中的有害因素，为防止可能发生的足部伤害或其他事故，所穿用特制的靴（鞋）。主要有：防静电鞋和导电鞋、绝缘鞋、防砸鞋、防酸碱鞋、防油鞋、防滑鞋、防寒鞋、防水鞋等。

## 第四节　现场急救与逃生

**要点掌握：**

1. 建筑物内发生火灾以后，应从哪些方面进行自救？
2. 毒气泄漏场所应如何逃生？

### 一、中毒窒息事故的救护

如果发生中毒窒息事故，则应按照下述方法进行抢救：

1. 抢救人员在进入危险区域前必须戴上防毒面具、自救器等防护用品，必要时也应给中毒者戴上，迅速把中毒者移到有新鲜空气的地方，静卧保暖。

2. 如果是一氧化碳中毒，中毒者还没有停止呼吸或呼吸虽已停止但心脏还在跳动，在清除中毒者口腔、鼻腔内的杂物使呼吸道保持畅通以后，立即进行人工呼吸。若心脏跳动也停止了，应迅速进行心脏胸外挤压，同时进行人工呼吸。

3. 如果是硫化氢中毒，在进行人工呼吸以前，要用浸透食盐溶液的棉花或手帕盖住中毒者的口鼻。

4. 如果是因瓦斯或二氧化碳窒息，情况也不太严重的，只要把窒息者移到空气新鲜的场所稍作休息后，就会苏醒。假如窒息时间较长，就要进行人工呼吸抢救。

5. 在救护中，急救人员一定要沉着，动作要迅速。在进行急救的同时，应通知医生到现场救治。

**二、建筑物内发生火灾的自救**

建筑物内发生火灾以后，主要从以下三个方面进行自救：

1. 灭火。及时灭火是火灾自救的首选手段。面对初期火灾，使用燃气的，应立即断开燃气阀，切断电源等，并利用灭火器和消火栓的消防龙头果断将火扑灭。

2. 报警。在扑救初期火灾的同时，应立即拨通“119”火警电话报警，报清详细地址、单位名称或着火部位、着火物质、火情大小及报警人姓名、电话号码，消防队一般在 5 min 左右会到达现场。

3. 在扑灭初期火灾无效时，应及时逃生。逃生时要注意以下几点：

（1）不要惊慌，要尽可能做到沉着、冷静，不要大吵大叫，互相拥挤。

（2）正确判断火源、火势和蔓延方向，以便选择合适的逃离路线。

（3）回忆和判断安全出口的方向、位置，以便在最短时间内找到安全出口。

（4）要有互助友爱精神，听从指挥，有秩序地撤离火场。

（5）在逃生时，必须采取适当措施。因为火灾现场浓烟是有毒的，而且浓烟在室内的上方集聚，越低的地方，越安全。逃生者要就地将衣服、帽子、手帕等物弄湿，捂住自己的嘴、鼻，防止烟气呛人或毒气中毒，采用低姿或爬行的方法逃离。

(6) 无法逃离火场时，要选择相对安全的地方躲避，等待救助。火若是从楼道方向蔓延的，可以关紧房门，向门上泼水降温，设法呼救，等待救助。注意不要鲁莽行事，造成其他伤害。

(7) 遇到火灾时，千万不要乘电梯。

**三、毒气泄漏场所逃生**

遇到毒气泄漏时，应该立即报告相关部门。因为对于毒气泄漏的处理是有特殊要求的，作为一般人员，也要了解一些毒气泄漏处理的常识。

1. 若在毒气泄漏现场，应立即穿戴防护服装，并检查防毒面具是否损坏，能否起到防护作用。如果没有佩戴防护服装或防毒面具，就应该尽快用衣服、帽子、口罩等，保护自己的眼、鼻、口腔，防止毒气摄入。

2. 当毒气泄漏量很大，而又无法采取措施防止泄漏时，特别是在通风条件差、较密闭的场所，在场人员应迅速逃离毒气泄漏场所。

3. 不要慌乱、拥挤，要听从指挥，特别是人员较多时，更不能慌乱，也不要大喊大叫，要镇静、沉着，有秩序地撤离。

4. 撤离时要弄清楚毒气的流向，不可顺着毒气流动的风向走，而要逆向逃离。

5. 逃离泄漏区后，应立即到医院检查，必要时进行排毒治疗。

6. 当毒气泄漏发生时，若没有穿戴防护服，绝不能进入事故现场救人，以避免扩大伤害范围。

附录一

# 中华人民共和国安全生产法

（2002 年 6 月 29 日第九届全国人民代表大会
常务委员会第二十八次会议通过）

目　　录



## 第一章　总　则

**第一条**　为了加强安全生产监督管理，防止和减少生产安全事故，保障人民群众生命和财产安全，促进经济发展，制定本法。

**第二条**　在中华人民共和国领域内从事生产经营活动的单位（以下统称生产经营单位）的安全生产，适用本法；有关法律、行政法规对消防安全和道路交通安全、铁路交通安全、水上交通安全、民用航空安全另有规定的，适用其规定。

**第三条**　安全生产管理，坚持安全第一、预防为主的方针。

**第四条**　生产经营单位必须遵守本法和其他有关安全生产的法律、法规，加强安全生产管理，建立、健全安全生产责任制度，完善安全生产条件，确保安全生产。

**第五条** 生产经营单位的主要负责人对本单位的安全生产工作全面负责。

**第六条** 生产经营单位的从业人员有依法获得安全生产保障的权利，并应当依法履行安全生产方面的义务。

**第七条** 工会依法组织职工参加本单位安全生产工作的民主管理和民主监督，维护职工在安全生产方面的合法权益。

**第八条** 国务院和地方各级人民政府应当加强对安全生产工作的领导，支持、督促各有关部门依法履行安全生产监督管理职责。

县级以上人民政府对安全生产监督管理中存在的重大问题应当及时予以协调、解决。

**第九条** 国务院负责安全生产监督管理的部门依照本法，对全国安全生产工作实施综合监督管理；县级以上地方各级人民政府负责安全生产监督管理的部门依照本法，对本行政区域内安全生产工作实施综合监督管理。

国务院有关部门依照本法和其他有关法律、行政法规的规定，在各自的职责范围内对有关的安全生产工作实施监督管理；县级以上地方各级人民政府有关部门依照本法和其他有关法律、法规的规定，在各自的职责范围内对有关的安全生产工作实施监督管理。

**第十条** 国务院有关部门应当按照保障安全生产的要求，依法及时制定有关的国家标准或者行业标准，并根据科技进步和经济发展适时修订。

生产经营单位必须执行依法制定的保障安全生产的国家标准或者行业标准。

**第十一条** 各级人民政府及其有关部门应当采取多种形式，加强对有关安全生产的法律、法规和安全生产知识的宣传，提高职工的安全生产意识。

**第十二条** 依法设立的为安全生产提供技术服务的中介机构，依照法律、行政法规和执业准则，接受生产经营单位的委托为其安全生产工作提供技术服务。

**第十三条** 国家实行生产安全事故责任追究制度，依照本法和有关法律、法规的规定，追究生产安全事故责任人员的法律责任。

**第十四条** 国家鼓励和支持安全生产科学技术研究和安全生产先进技术的推广应用，提高安全生产水平。

**第十五条** 国家对在改善安全生产条件、防止生产安全事故、参加抢险救护等方面取得显著成绩的单位和个人，给予奖励。

## 第二章 生产经营单位的安全生产保障

**第十六条** 生产经营单位应当具备本法和有关法律、行政法规和国家标准或者行业标准规定的安全生产条件；不具备安全生产条件的，不得从事生产经营活动。

**第十七条** 生产经营单位的主要负责人对本单位安全生产工作负有下列职责：

（一）建立、健全本单位安全生产责任制；

（二）组织制定本单位安全生产规章制度和操作规程；

（三）保证本单位安全生产投入的有效实施；

（四）督促、检查本单位的安全生产工作，及时消除生产安全事故隐患；

（五）组织制定并实施本单位的生产安全事故应急救援预案；

（六）及时、如实报告生产安全事故。

**第十八条** 生产经营单位应当具备的安全生产条件所必需的资金投入，由生产经营单位的决策机构、主要负责人或者个人经营的投资人予以保证，并对由于安全生产所必需的资金投入不足导致的后果承担责任。

**第十九条** 矿山、建筑施工单位和危险物品的生产、经营、储存单位，应当设置安全生产管理机构或者配备专职安全生产管理人员。

前款规定以外的其他生产经营单位，从业人员超过三百人的，应当设置安全生产管理机构或者配备专职安全生产管理人员；从业人员在三百人以下的，应当配备专职或者兼职的安全生产管理人员，或者委托具有国家规定的相关专业技术资格的工程技术人员提供安全生产管理服务。

生产经营单位依照前款规定委托工程技术人员提供安全生产管理服务的，保证安全生产的责任仍由本单位负责。

**第二十条** 生产经营单位的主要负责人和安全生产管理人员必须具备与本单位所从事的生产经营活动相应的安全生产知识和管理能力。

危险物品的生产、经营、储存单位以及矿山、建筑施工单位的主要负责人和安全生产管理人员，应当由有关主管部门对其安全生产知识和管理能力考核合格后方可任职。考核不得收费。

**第二十一条** 生产经营单位应当对从业人员进行安全生产教育和培训，保证从业人员具备必要的安全生产知识，熟悉有关的安全生产规章制度和安全操作规程，掌握本岗位的安全操作技能。未经安全生产教育和培训合格的从业人员，不得上岗作业。

**第二十二条** 生产经营单位采用新工艺、新技术、新材料或者使用新设备，必须了解、掌握其安全技术特性，采取有效的安全防护措施，并对从业人员进行专门的安全生产教育和培训。

**第二十三条** 生产经营单位的特种作业人员必须按照国家有关规定经专门的安全作业培训，取得特种作业操作资格证书，方可上岗作业。

特种作业人员的范围由国务院负责安全生产监督管理的部门会同国务院有关部门确定。

**第二十四条** 生产经营单位新建、改建、扩建工程项目（以下统称建设项目）的安全设施，必须与主体工程同时设计、同时施工、同时投入生产和使用。安全设施投资应当纳入建设项目概算。

**第二十五条** 矿山建设项目和用于生产、储存危险物品的建设项目，应当分别按照国家有关规定进行安全条件论证和安全评价。

**第二十六条** 建设项目安全设施的设计人、设计单位应当对安全设施设计负责。

矿山建设项目和用于生产、储存危险物品的建设项目的安全设施设计应当按照国家有关规定报经有关部门审查，审查部门及其负责审查的人员对审查结果负责。

**第二十七条** 矿山建设项目和用于生产、储存危险物品的建设项目的施工单位必须按照批准的安全设施设计施工，并对安全设施的工程质量负责。

矿山建设项目和用于生产、储存危险物品的建设项目竣工投入生产或者使用前，必须依照有关法律、行政法规的规定对安全设施进行验收；验收合格后，方可投入生产和使用。验收部门及其验收人员对验收结果负责。

**第二十八条** 生产经营单位应当在有较大危险因素的生产经营场所和有关设施、设备上，设置明显的安全警示标志。

**第二十九条** 安全设备的设计、制造、安装、使用、检测、维修、改造和报废，应当符合国家标准或者行业标准。

生产经营单位必须对安全设备进行经常性维护、保养，并定期检测，保证正常运转。维护、保养、检测应当作好记录，并由有关人员签字。

**第三十条** 生产经营单位使用的涉及生命安全、危险性较大的特种设备，以及危险物品的容器、运输工具，必须按照国家有关规定，由专业生产单位生产，并经取得专业资质的检测、检验机构检测、检验合格，取得安全使用证或者安全标志，方可投入使用。检测、检验机构对检测、检验结果负责。

涉及生命安全、危险性较大的特种设备的目录由国务院负责特种设备安全监督管理的部门制定，报国务院批准后执行。

**第三十一条** 国家对严重危及生产安全的工艺、设备实行淘汰制度。

生产经营单位不得使用国家明令淘汰、禁止使用的危及生产安全的工艺、设备。

**第三十二条** 生产、经营、运输、储存、使用危险物品或者处置废弃危险物品的，由有关主管部门依照有关法律、法规的规定和国家标准或者行业标准审批并实施监督管理。

生产经营单位生产、经营、运输、储存、使用危险物品或者处置废弃危险物品，必须执行有关法律、法规和国家标准或者行业标准，建立专门的安全管理制度，采取可靠的安全措施，接受有关主管部门依法实施的监督管理。

**第三十三条** 生产经营单位对重大危险源应当登记建档，进行定期检测、评估、监控，并制定应急预案，告知从业人员和相关人员在紧急情况下应当采取的应急措施。

生产经营单位应当按照国家有关规定将本单位重大危险源及有关安全措施、应急措施报有关地方人民政府负责安全生产监督管理的部门和有关部门备案。

**第三十四条** 生产、经营、储存、使用危险物品的车间、商店、仓库不得与员工宿舍在同一座建筑物内，并应当与员工宿舍保持安全距离。

生产经营场所和员工宿舍应当设有符合紧急疏散要求、标志明显、保持畅通的出口。禁止封闭、堵塞生产经营场所或者员工宿舍的出口。

**第三十五条** 生产经营单位进行爆破、吊装等危险作业，应当安排专门人员进行现场安全管理，确保操作规程的遵守和安全措施的落实。

**第三十六条** 生产经营单位应当教育和督促从业人员严格执行本单位的安全生产规章制度和安全操作规程；并向从业人员如实告知作业场所和工作岗位存在的危险因素、防范措施以及事故应急措施。

**第三十七条** 生产经营单位必须为从业人员提供符合国家标准或者行业标准的劳动防护用品，并监督、教育从业人员按照使用规则佩戴、使用。

**第三十八条** 生产经营单位的安全生产管理人员应当根据本单位的生产经营特点，对安全生产状况进行经常性检查；对检查中发现的安全问题，应当立即处理；不能处理的，应当及时报告本单位有关负责人。检查及处理情况应当记录在案。

**第三十九条** 生产经营单位应当安排用于配备劳动防护用品、进行安全生产培训的经费。

**第四十条** 两个以上生产经营单位在同一作业区域内进行生产经营活动，可能危及对方生产安全的，应当签订安全生产管理协议，明确各自的安全生产管理职责和应当采取的安全措施，并指定专职安全生产管理人员进行安全检查与协调。

**第四十一条** 生产经营单位不得将生产经营项目、场所、设备发包或者出租给不具备安全生产条件或者相应资质的单位或者个人。

生产经营项目、场所有多个承包单位、承租单位的，生产经营单位应当与承包单位、承租单位签订专门的安全生产管理协议，或者在承包合同、租赁合同中约定各自的安全生产管理职责；生产经营单位对承包单位、承租单位的安全生产工作统一协调、管理。

**第四十二条** 生产经营单位发生重大生产安全事故时，单位的主要负责人应当立即组织抢救，并不得在事故调查处理期间擅离职守。

**第四十三条** 生产经营单位必须依法参加工伤社会保险，为从业人员缴纳保险费。

## 第三章 从业人员的权利和义务

**第四十四条** 生产经营单位与从业人员订立的劳动合同，应当载明有关保障从业人员劳动安全、防止职业危害的事项，以及依法为从业人员办理工伤社会保险的事项。

生产经营单位不得以任何形式与从业人员订立协议，免除或者减轻其对从业人员因生产安全事故伤亡依法应承担的责任。

**第四十五条** 生产经营单位的从业人员有权了解其作业场所和工作岗位存在的危险因素、防范措施及事故应急措施，有权对本单位的安全生产工作提出建议。

**第四十六条** 从业人员有权对本单位安全生产工作中存在的问题提出批评、检举、控告；有权拒绝违章指挥和强令冒险作业。

生产经营单位不得因从业人员对本单位安全生产工作提出批评、检举、控告或者拒绝违章指挥、强令冒险作业而降低其工资、福利等待遇或者解除与其订立的劳动合同。

**第四十七条** 从业人员发现直接危及人身安全的紧急情况时，有权停止作业或者在采取可能的应急措施后撤离作业场所。

生产经营单位不得因从业人员在前款紧急情况下停止作业或者采取紧急撤离措施而降低其工资、福利等待遇或者解除与其订立的劳动合同。

**第四十八条** 因生产安全事故受到损害的从业人员，除依法享有工伤社会保险外，依照有关民事法律尚有获得赔偿的权利的，有权向本单位提出赔偿要求。

**第四十九条** 从业人员在作业过程中，应当严格遵守本单位的安全生产规章制度和操作规程，服从管理，正确佩戴和使用劳动防护用品。

**第五十条** 从业人员应当接受安全生产教育和培训，掌握本职工作所需的安全生产知识，提高安全生产技能，增强事故预防和应急处理能力。

**第五十一条** 从业人员发现事故隐患或者其他不安全因素，应当立即向现场安全生产管理人员或者本单位负责人报告；接到报告的人员应当及时予以处理。

**第五十二条** 工会有权对建设项目的安全设施与主体工程同时设计、同时施工、同时投入生产和使用进行监督，提出意见。

工会对生产经营单位违反安全生产法律、法规，侵犯从业人员合法权益的行为，有权要求纠正；发现生产经营单位违章指挥、强令冒险作业或者发现事故隐患时，有权提出解决的建议，生产经营单位应当及时研究答复；发现危及从业人员生命安全的情况时，有权向生产经营单位建议组织从业人员撤离危险场所，生产经营单位必须立即作出处理。

工会有权依法参加事故调查，向有关部门提出处理意见，并要求追究有关人员的责任。

## 第四章 安全生产的监督管理

**第五十三条** 县级以上地方各级人民政府应当根据本行政区域内的安全生产状况，组织有关部门按照职责分工，对本行政区域内容易发生重大生产安全事故的生产经营单位进行严格检查；发现事故隐患，应当及时处理。

**第五十四条** 依照本法第九条规定对安全生产负有监督管理职责的部门（以下统称负有安全生产监督管理职责的部门）依照有关法律、法规的规定，对涉及安全生产的事项需要审查批准（包括批准、核准、许可、注册、认证、颁发证照等，下同）或者验收的，必须严格依照有关法律、法规和国家标准或者行业标准规定的安全生产条件和程序进行审查；不符合有关法律、法规和国家标准或者行业标准规定的安全生产条件的，不得批准或者验收通过。对未依法取得批准或者验收合格的单位擅自从事有关活动的，负责行政审批的部门发现或者接到举报后应当立即予以取缔，并依法予以处理。对已经依法取得批准的单位，负责行政审批的部门发现其不再具备安全生产条件的，应当撤销原批准。

**第五十五条** 负有安全生产监督管理职责的部门对涉及安全生产的事项进行审查、验收，不得收取费用；不得要求接受审查、验收的单位购买其指定品牌或者指定生产、销售单位的安全设备、器材或者其他产品。

**第五十六条** 负有安全生产监督管理职责的部门依法对生产经营单位执行有关安全生产的法律、法规和国家标准或者行业标准的情况进行监督检查，行使以下职权：

（一）进入生产经营单位进行检查，调阅有关资料，向有关单位和人员了解情况。

（二）对检查中发现的安全生产违法行为，当场予以纠正或者要求限期改正；对依法应当给予行政处罚的行为，依照本法和其他有关法律、行政法规的规定作出行政处罚决定。

（三）对检查中发现的事故隐患，应当责令立即排除；重大事故隐患排除前或者排除过程中无法保证安全的，应当责令从危险区域内撤出作业人员，责令暂时停产停业或者停止使用；重大事故隐患排除后，经审查同意，方可恢复生产经营和使用。

（四）对有根据认为不符合保障安全生产的国家标准或者行业标准的设施、设备、器材予以查封或者扣押，并应当在十五日内依法作出处理决定。

监督检查不得影响被检查单位的正常生产经营活动。

**第五十七条** 生产经营单位对负有安全生产监督管理职责的部门的监督检查人员（以下统称安全生产监督检查人员）依法履行监督检查职责，应当予以配合，不得拒绝、阻挠。

**第五十八条** 安全生产监督检查人员应当忠于职守，坚持原则，秉公执法。

安全生产监督检查人员执行监督检查任务时，必须出示有效的监督执法证件；对涉及被检查单位的技术秘密和业务秘密，应当为其保密。

**第五十九条** 安全生产监督检查人员应当将检查的时间、地点、内容、发现的问题及其处理情况，作出书面记录，并由检查人员和被检查单位的负责人签字；被检查单位的负责人拒绝签字的，检查人员应当将情况记录在案，并向负有安全生产监督管理职责的部门报告。

**第六十条** 负有安全生产监督管理职责的部门在监督检查中，应当互相配合，实行联合检查；确需分别进行检查的，应当互通情况，发现存在的安全问题应当由其他有关部门进行处理的，应当及时移送其他有关部门并形成记录备查，接受移送的部门应当及时进行处理。

**第六十一条** 监察机关依照行政监察法的规定，对负有安全生产监督管理职责的部门及其工作人员履行安全生产监督管理职责实施监察。

**第六十二条** 承担安全评价、认证、检测、检验的机构应当具备国家规定的资质条件，并对其作出的安全评价、认证、检测、检验的结果负责。

**第六十三条** 负有安全生产监督管理职责的部门应当建立举报制度，公开举报电话、信箱或者电子邮件地址，受理有关安全生产的举报；受理的举报事项经调查核实后，应当形成书面材料；需要落实整改措施的，报经有关负责人签字并督促落实。

**第六十四条** 任何单位或者个人对事故隐患或者安全生产违法行为，均有权向负有安全生产监督管理职责的部门报告或者举报。

**第六十五条** 居民委员会、村民委员会发现其所在区域内的生产经营单位存在事故隐患或者安全生产违法行为时，应当向当地人民政府或者有关部门报告。

**第六十六条** 县级以上各级人民政府及其有关部门对报告重

大事故隐患或者举报安全生产违法行为的有功人员，给予奖励。具体奖励办法由国务院负责安全生产监督管理的部门会同国务院财政部门制定。

**第六十七条** 新闻、出版、广播、电影、电视等单位有进行安全生产宣传教育的义务，有对违反安全生产法律、法规的行为进行舆论监督的权利。

## 第五章 生产安全事故的应急救援与调查处理

**第六十八条** 县级以上地方各级人民政府应当组织有关部门制定本行政区域内特大生产安全事故应急救援预案，建立应急救援体系。

**第六十九条** 危险物品的生产、经营、储存单位以及矿山、建筑施工单位应当建立应急救援组织；生产经营规模较小，可以不建立应急救援组织的，应当指定兼职的应急救援人员。

危险物品的生产、经营、储存单位以及矿山、建筑施工单位应当配备必要的应急救援器材、设备，并进行经常性维护、保养，保证正常运转。

**第七十条** 生产经营单位发生生产安全事故后，事故现场有关人员应当立即报告本单位负责人。

单位负责人接到事故报告后，应当迅速采取有效措施，组织抢救，防止事故扩大，减少人员伤亡和财产损失，并按照国家有关规定立即如实报告当地负有安全生产监督管理职责的部门，不得隐瞒不报、谎报或者拖延不报，不得故意破坏事故现场、毁灭有关证据。

**第七十一条** 负有安全生产监督管理职责的部门接到事故报告后，应当立即按照国家有关规定上报事故情况。负有安全生产监督管理职责的部门和有关地方人民政府对事故情况不得隐瞒不报、谎报或者拖延不报。

**第七十二条** 有关地方人民政府和负有安全生产监督管理职

责的部门的负责人接到重大生产安全事故报告后，应当立即赶到事故现场，组织事故抢救。

任何单位和个人都应当支持、配合事故抢救，并提供一切便利条件。

**第七十三条** 事故调查处理应当按照实事求是、尊重科学的原则，及时、准确地查清事故原因，查明事故性质和责任，总结事故教训，提出整改措施，并对事故责任者提出处理意见。事故调查和处理的具体办法由国务院制定。

**第七十四条** 生产经营单位发生生产安全事故，经调查确定为责任事故的，除了应当查明事故单位的责任并依法予以追究外，还应当查明对安全生产的有关事项负有审查批准和监督职责的行政部门的责任，对有失职、渎职行为的，依照本法第七十七条的规定追究法律责任。

**第七十五条** 任何单位和个人不得阻挠和干涉对事故的依法调查处理。

**第七十六条** 县级以上地方各级人民政府负责安全生产监督管理的部门应当定期统计分析本行政区域内发生生产安全事故的情况，并定期向社会公布。

## 第六章 法律责任

**第七十七条** 负有安全生产监督管理职责的部门的工作人员，有下列行为之一的，给予降级或者撤职的行政处分；构成犯罪的，依照刑法有关规定追究刑事责任：

（一）对不符合法定安全生产条件的涉及安全生产的事项予以批准或者验收通过的；

（二）发现未依法取得批准、验收的单位擅自从事有关活动或者接到举报后不予取缔或者不依法予以处理的；

（三）对已经依法取得批准的单位不履行监督管理职责，发现其不再具备安全生产条件而不撤销原批准或者发现安全生产违法行为不予查处的。

**第七十八条** 负有安全生产监督管理职责的部门，要求被审查、验收的单位购买其指定的安全设备、器材或者其他产品的，在对安全生产事项的审查、验收中收取费用的，由其上级机关或者监察机关责令改正，责令退还收取的费用；情节严重的，对直接负责的主管人员和其他直接责任人员依法给予行政处分。

**第七十九条** 承担安全评价、认证、检测、检验工作的机构，出具虚假证明，构成犯罪的，依照刑法有关规定追究刑事责任；尚不够刑事处罚的，没收违法所得，违法所得在五千元以上的，并处违法所得二倍以上五倍以下的罚款，没有违法所得或者违法所得不足五千元的，单处或者并处五千元以上二万元以下的罚款，对其直接负责的主管人员和其他直接责任人员处五千元以上五万元以下的罚款；给他人造成损害的，与生产经营单位承担连带赔偿责任。

对有前款违法行为的机构，撤销其相应资格。

**第八十条** 生产经营单位的决策机构、主要负责人、个人经营的投资人不依照本法规定保证安全生产所必需的资金投入，致使生产经营单位不具备安全生产条件的，责令限期改正，提供必需的资金；逾期未改正的，责令生产经营单位停产停业整顿。

有前款违法行为，导致发生生产安全事故，构成犯罪的，依照刑法有关规定追究刑事责任；尚不够刑事处罚的，对生产经营单位的主要负责人给予撤职处分，对个人经营的投资人处二万元以上二十万元以下的罚款。

**第八十一条** 生产经营单位的主要负责人未履行本法规定的安全生产管理职责的，责令限期改正；逾期未改正的，责令生产经营单位停产停业整顿。

生产经营单位的主要负责人有前款违法行为，导致发生生产安全事故，构成犯罪的，依照刑法有关规定追究刑事责任；尚不够刑事处罚的，给予撤职处分或者处二万元以上二十万元以下的罚款。

生产经营单位的主要负责人依照前款规定受刑事处罚或者撤职处分的，自刑罚执行完毕或者受处分之日起，五年内不得担任任何生产经营单位的主要负责人。

**第八十二条** 生产经营单位有下列行为之一的，责令限期改正；逾期未改正的，责令停产停业整顿，可以并处二万元以下的罚款：

（一）未按照规定设立安全生产管理机构或者配备安全生产管理人员的；

（二）危险物品的生产、经营、储存单位以及矿山、建筑施工单位的主要负责人和安全生产管理人员未按照规定经考核合格的；

（三）未按照本法第二十一条、第二十二条的规定对从业人员进行安全生产教育和培训，或者未按照本法第三十六条的规定如实告知从业人员有关的安全生产事项的；

（四）特种作业人员未按照规定经专门的安全作业培训并取得特种作业操作资格证书，上岗作业的。

**第八十三条** 生产经营单位有下列行为之一的，责令限期改正；逾期未改正的，责令停止建设或者停产停业整顿，可以并处五万元以下的罚款；造成严重后果，构成犯罪的，依照刑法有关规定追究刑事责任：

（一）矿山建设项目或者用于生产、储存危险物品的建设项目没有安全设施设计或者安全设施设计未按照规定报经有关部门审查同意的；

（二）矿山建设项目或者用于生产、储存危险物品的建设项目的施工单位未按照批准的安全设施设计施工的；

（三）矿山建设项目或者用于生产、储存危险物品的建设项目竣工投入生产或者使用前，安全设施未经验收合格的；

（四）未在有较大危险因素的生产经营场所和有关设施、设备上设置明显的安全警示标志的；

（五）安全设备的安装、使用、检测、改造和报废不符合国家标准或者行业标准的；

（六）未对安全设备进行经常性维护、保养和定期检测的；

（七）未为从业人员提供符合国家标准或者行业标准的劳动防护用品的；

（八）特种设备以及危险物品的容器、运输工具未经取得专业资质的机构检测、检验合格，取得安全使用证或者安全标志，投入使用的；

（九）使用国家明令淘汰、禁止使用的危及生产安全的工艺、设备的。

**第八十四条** 未经依法批准，擅自生产、经营、储存危险物品的，责令停止违法行为或者予以关闭，没收违法所得，违法所得十万元以上的，并处违法所得一倍以上五倍以下的罚款，没有违法所得或者违法所得不足十万元的，单处或者并处二万元以上十万元以下的罚款；造成严重后果，构成犯罪的，依照刑法有关规定追究刑事责任。

**第八十五条** 生产经营单位有下列行为之一的，责令限期改正；逾期未改正的，责令停产停业整顿，可以并处二万元以上十万元以下的罚款；造成严重后果，构成犯罪的，依照刑法有关规定追究刑事责任：

（一）生产、经营、储存、使用危险物品，未建立专门安全管理制度、未采取可靠的安全措施或者不接受有关主管部门依法实施的监督管理的；

（二）对重大危险源未登记建档，或者未进行评估、监控，或者未制定应急预案的；

（三）进行爆破、吊装等危险作业，未安排专门管理人员进行现场安全管理的。

**第八十六条** 生产经营单位将生产经营项目、场所、设备发包或者出租给不具备安全生产条件或者相应资质的单位或者个人的，责令限期改正，没收违法所得；违法所得五万元以上的，并处违法所得一倍以上五倍以下的罚款；没有违法所得或者违法所得不足五万元的，单处或者并处一万元以上五万元以下的罚款；导致发生生产安全事故给他人造成损害的，与承包方、承租方承担连带赔偿责任。

生产经营单位未与承包单位、承租单位签订专门的安全生产管理协议或者未在承包合同、租赁合同中明确各自的安全生产管理职责，或者未对承包单位、承租单位的安全生产统一协调、管理的，责令限期改正；逾期未改正的，责令停产停业整顿。

**第八十七条** 两个以上生产经营单位在同一作业区域内进行可能危及对方安全生产的生产经营活动，未签订安全生产管理协议或者未指定专职安全生产管理人员进行安全检查与协调的，责令限期改正；逾期未改正的，责令停产停业。

**第八十八条** 生产经营单位有下列行为之一的，责令限期改正；逾期未改正的，责令停产停业整顿；造成严重后果，构成犯罪的，依照刑法有关规定追究刑事责任：

（一）生产、经营、储存、使用危险物品的车间、商店、仓库与员工宿舍在同一座建筑内，或者与员工宿舍的距离不符合安全要求的；

（二）生产经营场所和员工宿舍未设有符合紧急疏散需要、标志明显、保持畅通的出口，或者封闭、堵塞生产经营场所或者员工宿舍出口的。

**第八十九条** 生产经营单位与从业人员订立协议，免除或者减轻其对从业人员因生产安全事故伤亡依法应承担的责任的，该协议无效；对生产经营单位的主要负责人、个人经营的投资人处二万元以上十万元以下的罚款。

**第九十条** 生产经营单位的从业人员不服从管理，违反安全生产规章制度或者操作规程的，由生产经营单位给予批评教育，依照有关规章制度给予处分；造成重大事故，构成犯罪的，依照刑法有关规定追究刑事责任。

**第九十一条** 生产经营单位主要负责人在本单位发生重大生产安全事故时，不立即组织抢救或者在事故调查处理期间擅离职守或者逃匿的，给予降职、撤职的处分，对逃匿的还要处十五日以下拘留；构成犯罪的，依照刑法有关规定追究刑事责任。

生产经营单位主要负责人对生产安全事故隐瞒不报、谎报或者拖延不报的，依照前款规定处罚。

**第九十二条** 有关地方人民政府、负有安全生产监督管理职责的部门，对生产安全事故隐瞒不报、谎报或者拖延不报的，对直接负责的主管人员和其他直接责任人员依法给予行政处分；构成犯罪的，依照刑法有关规定追究刑事责任。

**第九十三条** 生产经营单位不具备本法和其他有关法律、行政法规和国家标准或者行业标准规定的安全生产条件，经停产停业整顿仍不具备安全生产条件的，予以关闭；有关部门应当依法吊销其有关证照。

**第九十四条** 本法规定的行政处罚，由负责安全生产监督管理的部门决定；予以关闭的行政处罚由负责安全生产监督管理的部门报请县级以上人民政府按照国务院规定的权限决定；给予拘留的行政处罚由公安机关依照治安管理处罚条例的规定决定。有关法律、行政法规对行政处罚的决定机关另有规定的，依照其规定。

**第九十五条** 生产经营单位发生生产安全事故造成人员伤亡、他人财产损失的，应当依法承担赔偿责任；拒不承担或者其负责人逃匿的，由人民法院依法强制执行。

生产安全事故的责任人未依法承担赔偿责任，经人民法院依法采取执行措施后，仍不能对受害人给予足额赔偿的，应当继续履行赔偿义务；受害人发现责任人有其他财产的，可以随时请求人民法院执行。

## 第七章　附　　则

**第九十六条**　本法下列用语的含义：

危险物品，是指易燃易爆物品、危险化学品、放射性物品等能够危及人身安全和财产安全的物品。

重大危险源，是指长期地或者临时地生产、搬运、使用或者储存危险物品，且危险物品的数量等于或者超过临界量的单元（包括场所和设施）。

**第九十七条**　本法自 2002 年 11 月 1 日起施行。

# 参考文献

1. 中国认证人员与培训机构国家许可委员会编. 职业健康安全专业基础. 北京：中国计量出版社，2003

2. 余华文主编. 企业员工安全生产知识必读. 第一版. 合肥：中国科学技术大学出版社，2006

3. 张荣主编. 危险化学品安全技术. 北京：化学工业出版社，2005

4. 李荫中. 危险化学品企业员工安全知识必读. 北京：中国石化出版社，2007

5. 卞耀武、李适时、黄淑和、闪淳昌主编. 中华人民共和国安全生产法读本. 北京：煤炭工业出版社，2002

6. 张娜主编. 安全生产基础知识. 北京：中华工商联合出版社，2007

7. 北京英达管理培训中心、北京世纪德铭科技发展有限公司. 企业员工安全意识普及教材. 北京：中国计量出版社，2005

8. 朱兆华、徐丙根、王中坚主编. 典型事故技术评析. 北京：化学工业出版社，2007

9. 张荣主编. 危险化学品企业新工人三级安全教育读本. 北京：中国劳动社会保障出版社，2008

10. 国家安全监管总局监管三司、中国化学品安全协会. 国内外危险化学品典型事故案例分析. 北京：中国劳动社会保障出版社，2009

11. 周国泰、吕海燕、张海峰. 危险化学品安全技术全书. 北京：化工出版社，1997

12. 王德学主编. 危险化学品安全管理条例释义. 北京：化学工业出版社，2002

13. 国家安全生产监督管理局. 国内外危险化学品重特大典型事故案例分析. 2002

14. 危险化学品重特大事故案例精选. 北京：中国劳动社会保障出版社，2007

15. “绿十字”安全生产教育培训丛书编写组. 危险化学品安全知识. 北京：中国劳动社会保障出版社，2008

16. 化学品安全技术说明书编写规定（GB 16483—2000）

17. 常用化学危险品储存通则（GB 15603—1995）

18. 易燃易爆商品储藏养护技术条件（GB 17914—1999）

19. 腐蚀性商品储藏养护技术条件（GB 17915—1999）

20. 毒害性商品储藏养护技术条件（GB 17916—1999）

21. 危险化学品安全技术说明书编写规定（GB 16483—2000）

22. 危险化学品安全标签编写规定（GB 15258—1999）

23. 张海峰主编. 危险化学品安全技术全书. 北京：化学工业出版社，2008